Adobe公司的产品因其卓越的性能和友好的操作界面备受网页和图形设计人员、专业出版人员、动画制作人员和设计爱好者等创意人士的喜爱，产品主要包括Photoshop、Flash、Dreamweaver、Illustrator、InDesign、Premiere Pro、After Effects、Acrobat等。Adobe正通过数字体验丰富着人们的工作、学习和生活方式。

Adobe公司一直致力于推动中国的教育发展，为中国教育带来了国际先进的技术和领先的教育思路，逐渐形成了包含课程建设、师资培训、教材服务和认证的一整套教育解决方案。十几年来为教育行业和创意产业培养了大批人才，Adobe品牌深入人心。

中等职业教育量大面广，服务社会经济发展的能力日益凸显。中等职业学校开设的专业是根据本地区社会实际需要而设立的，目标明确，专业对口，量体裁衣，学以致用，毕业生很受社会欢迎，正逐渐成为本地区经济和文化发展的重要力量。

社会在变革，社会对中等职业教育的需求也在不断变化。一些传统的工作和工作岗位逐渐消亡，另一些新技术和新工种雨后春笋般地出现，例如多媒体技术、图形设计、网站设计、视频剪辑、游戏动漫、数字出版等。即使是一些传统的工作岗位，也要求工作人员掌握计算机技术和软件技能。数字媒体技术应用专业培养的人才是地方经济建设和发展中的一支生力军，Adobe的软件作为行业的标准软件之一，是数字媒体技术应用专业学生必须学习的，越来越多的学习者体会到了它的价值。

Adobe公司希望通过与中等职业学校的合作，不断地为学校提供更多更好的软件产品和教育服务，在应用Adobe软件技术的同时，也推行先进的教育理念，在教育的发展中与大家一路同行。

Adobe教育行业经理　于秀芹

前　言

Adobe Flash 原名 Macromedia Flash，简称 Flash。其前身是乔纳森·盖伊（Jonathan Gay）成立的 Future Wave 软件公司在 1995 年设计推出的 Future Splash Animator，这个软件具有两大特点，一个是使用矢量图像克服了传统位图占用大量存储空间的缺陷；另一个是一边下载一边播放的流式播放方式，消除了网络带宽对动画播放速度的影响。

1996 年 11 月，美国 Macromedia 公司收购了 Future Wave 公司，将 Future Splash Animator 改名为 Flash，软件版本出到 Flash 8 后，Adobe 公司收购了 Macromedia 公司，Flash 改名为 Flash CS。

Adobe 公司创始于 1982 年，是广告、印刷、出版和 Web 领域著名的图形设计、出版和成像软件设计公司，其中 Photoshop 图像处理软件最为人们所熟悉。

Adobe 公司推出的 Flash CS5 是目前 Flash 软件的新版本，这是一款优秀的矢量交互式动画制作和多媒体设计软件，能广泛应用于网页设计、网站广告、游戏设计、MTV 制作、电子贺卡、多媒体课件等多个领域中。

众所周知，随着 Internet 日益成为人们生活中一个不可分割的组成部分，掌握使用 Flash 软件，不仅是一种职业的专业技能需要，也是一种有趣的生活技能需要。

本书的编者主要是职业学校一线教师和具有丰富项目制作经验的人员，他们有着丰富的 Flash 使用和教学经验。本书在编写过程中以遵循教学规律、面向实际应用、便于自学为原则，由浅入深，循序渐进，特别有利于教师教学和学生自学。

本书具有如下特点：

1. 任务驱动，案例教学

全书由 6 个项目引领，以任务驱动，把相关知识融入整个项目中。每个项目由 4 个环节构成：项目描述，任务过程，知识要点，拓展训练。

通过项目描述，学习者可以了解这个项目要做什么、应该怎样做等。任务过程是整个项目的重点，学习者通过任务过程，一步一步按指示完成，在完成任务的过程中实现知识的学习和技能的掌握。知识要点是重要补充，这一环节不仅是对前面内容的概括，更是对一些项目中可能没有涉及但也是必要知识内容的补充。拓展训练环节是对传统教材的创新改革，通过这一环节，学习者不仅可巩固所学知识，还能学到新的技能和方法。

2. 项目实用，循序渐进

本书所选择的 6 个项目生动有趣，基本涵盖了 Flash 软件的主要应用领域，以及 Flash CS5 的新特点。在项目的选择和设计上，本着“易学、实用”的原则，循序渐进，“小步子”教学，集中拓展。

项目1：产品外观效果图制作。本项目是引导读者掌握制作静态图形图像的能力。

项目2：广告动画制作。本项目通过一个房地产广告的制作过程，引导读者初步掌握动画的制作技能。

项目3：网站片头制作。这个项目更深入地讲解了复杂动画的制作过程，以及影片的剪辑等内容。

项目4：MTV动画制作。用Flash软件和音乐结合做出更有吸引力的动画作品。

项目5：网络互动调查制作。网络互动是Flash CS5在网络中的一个重要应用，其中初步涉及ActionScript编程知识。

项目6：游戏制作。通过一个完整的小游戏制作，引导读者进一步掌握ActionScript3.0编程的基础知识以及用其编写小游戏的框架设计。

附录：Flash CS5基础知识。帮助读者对Flash的作用及重要知识点有一个全面、整体的把握和理解。

本书学时安排参考下表，建议全部在机房上课，总学时为72学时。

项目	主要内容	学时
产品外观效果图制作	Flash基本知识 绘图工具的使用 图形对象处理技术	12
广告动画制作	动画制作基础 逐帧动画 补间动画 创建有声动画 静态文本	14
网站片头制作	引导动画 遮罩动画 滤镜动画 动态文本	12
MTV动画制作	骨骼工具使用 元件的操作 库的管理	12
网络互动调查制作	交互组件概述 交互组件应用	8
游戏制作	“动作”面板 ActionScript3.0编程基础 游戏设计框架	14
附录	Flash CS5基础知识	

本书由蒋宇航担任主编，梁佳、黄学文担任副主编。其中，项目1、2由梁佳编写，项目3、4由徐燕华编写，项目5由黄学文编写，项目6由朱艳编写，附录由蒋

宇航编写。相关行业人员参与整套教材的创意设计及具体内容安排，使教材更符合行业、企业标准。中央广播电视大学史红星副教授审阅了全书并提出宝贵意见，在此表示感谢。

本书配套光盘提供书中案例的素材和源文件。本书还配套学习卡网络教学资源，使用本书封底所赠的学习卡，登录 http://sve.hep.com.cn，可获得相关资源，详见“郑重声明”页。

因编写时间有限，本书难免存在缺点和不足，读者使用本书时如果遇到问题，可以发 E-mail 到 edu@digitaledu.org 与我们联系。

编　者

2011 年 5 月

目　录

项目 1 产品外观效果图制作

项目描述

1. 项目简介——产品外观效果图制作

矢量图软件具有文件占内存小、图形放大或缩小不影响图形的分辨率、图形可以任意编辑等特点，因而广受欢迎。Flash CS5 功能强大，易学易用，深受网页制作爱好者和动画设计人员的喜爱。但是作为一个初学者，如果想要制作出逼真、高水准的产品外观效果图，还需要许多技巧和耐心。

本项目选取生活中常见的通信工具——手机，作为设计制作的原型。现代生活的电子化发展，使得手机成为随处可见的必备生活工具。选取手机外观进行制作，一方面是对熟悉事物的解构，另一方面学生还可以通过本项目的学习，制作出其他品牌、型号手机的外观效果图。因此对学生来说手机外观效果图制作是熟悉而有趣味的实践。

PSP（Play Station Portable）作为游戏界中的掌中宝，发展非常迅速，用它不仅可以玩游戏，还可以读电子书、看视频、听音乐。作为小型娱乐电子产品，它的外观和手机有异曲同工之处，所以本项目选择制作 PSP 外观效果图作为拓展训练的内容。

2. 项目要求

现在的手机大致分为按钮、外壳、界面 3 个部分。通过该项目，能够使学生掌握电子产品外观效果图的基本制作步骤。

本项目分为 3 个任务：

① 手机外轮廓设计。

② 按钮设计。

③ 手机外观整合。

三者按照循序渐进的关系进行制作。

3. 实现构想

本项目的制作运用了矩形工具的圆角边缘，简化了对手机外轮廓的修改。通过调整颜色的径向渐变，实现金属质感的光泽度和黑色漆面的反光效果，使手机外观显得更加真实。

任务一使用矩形工具的圆角命令制作手机外轮廓、填充渐变颜色达到真实的金属质感。

任务二使用圆形工具制作按钮。

任务三整合手机外轮廓和按钮的位置；在外轮廓上添加微小的按钮、凹槽；填充手机屏幕图案。

每个任务制作的最终效果如图 1-1、图 1-2、图 1-3 所示。

图 1-1　手机外轮廓

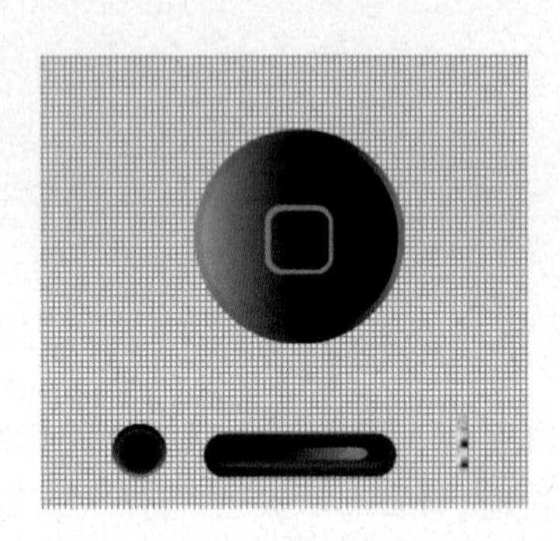

图 1-2　按钮、凹槽

图 1-3　手机整体

任务一——手机外轮廓设计

1. 新建元件“iphone5”

（1）单击菜单“文件”→“新建”命令，在弹出的“新建文档”对话框中单击“确定”按钮，打开一个新的文档。在文档属性面板中修改舞台窗口的大小，宽度为 550 像素，高度为 400 像素，并保存为“手机外观”。（备注：在弹出的对话框中选择 ActionScript 2.0。）	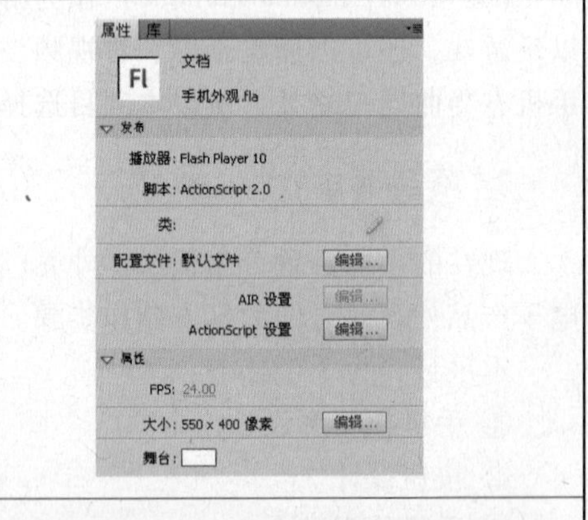
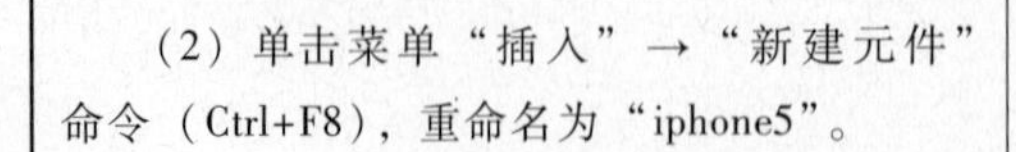（2）单击菜单“插入”→“新建元件”命令（Ctrl+F8），重命名为“iphone5”。	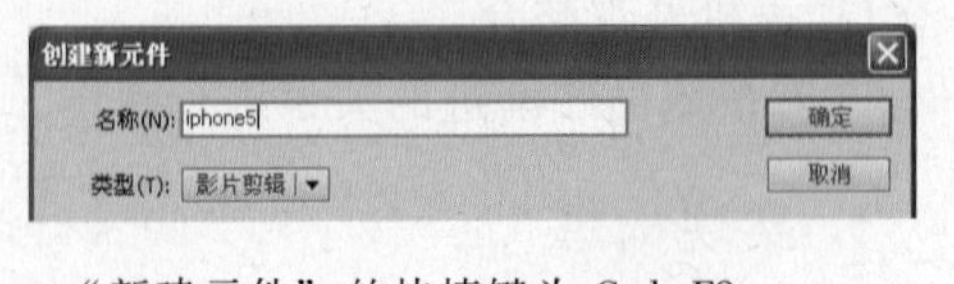 “新建元件”的快捷键为 Ctrl+F8。

2. 绘制手机外轮廓

（1）在素材中找到所需要的图片“手机.jpg”，并拖入 Flash CS5 中，方便对照图片进行操作。	
（2）单击菜单“视图”→“标尺”命令。从“标尺”中分别拖出横向、纵向两条参考线，放置在手机图片的四周。根据纵向参考线的尺度，在舞台右边位置拖出符合尺寸的纵向参考线。	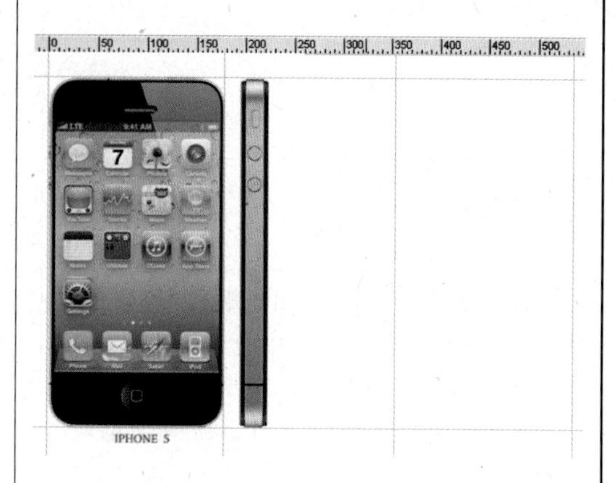
（3）选择矩形工具，在工具箱中将笔触颜色、填充颜色均设为灰色（“#CCCCCC”），在舞台中间绘制出一个矩形，画好之后不要松开鼠标左键，按下键盘上的“↑”、“↓”方向键，来调整矩形方角的弧度。在本次图形中，调整弧度为“27°”。矩形的大小参考手机图片的大小，并控制在参考线内。	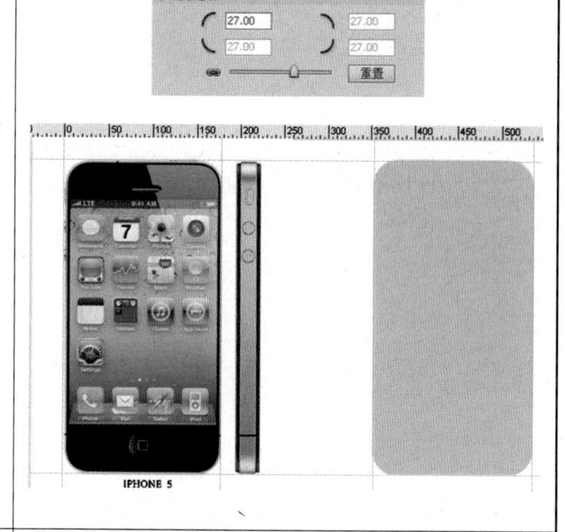
（4）复制（3）中的矩形，并单击菜单“窗口”→“颜色”命令，在“颜色”面板中选择“填充样式”为“径向渐变”，选中色带上左边、右边的色块，并将其分别设置为白色（“#FFFFFF”），在色带中间添加一个色块，颜色设置为黑色（“#000000”），之后适当缩小其尺寸。将其与前一个矩形中心对齐。	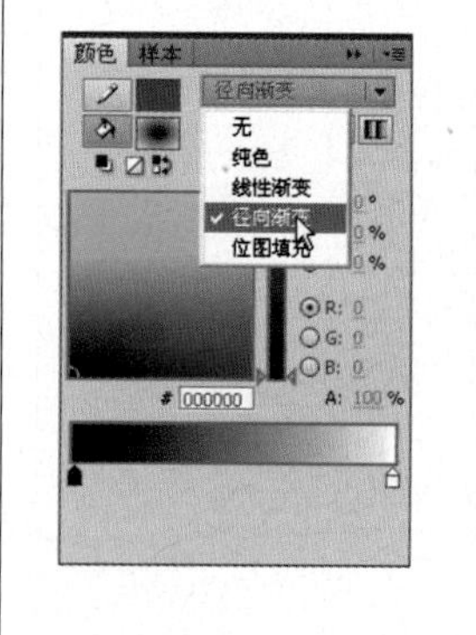 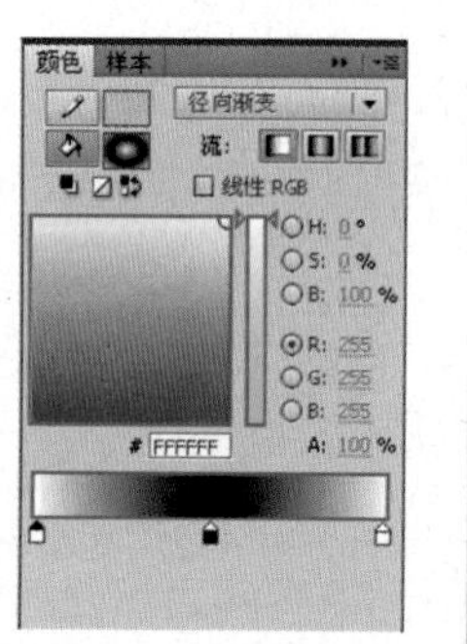

续表

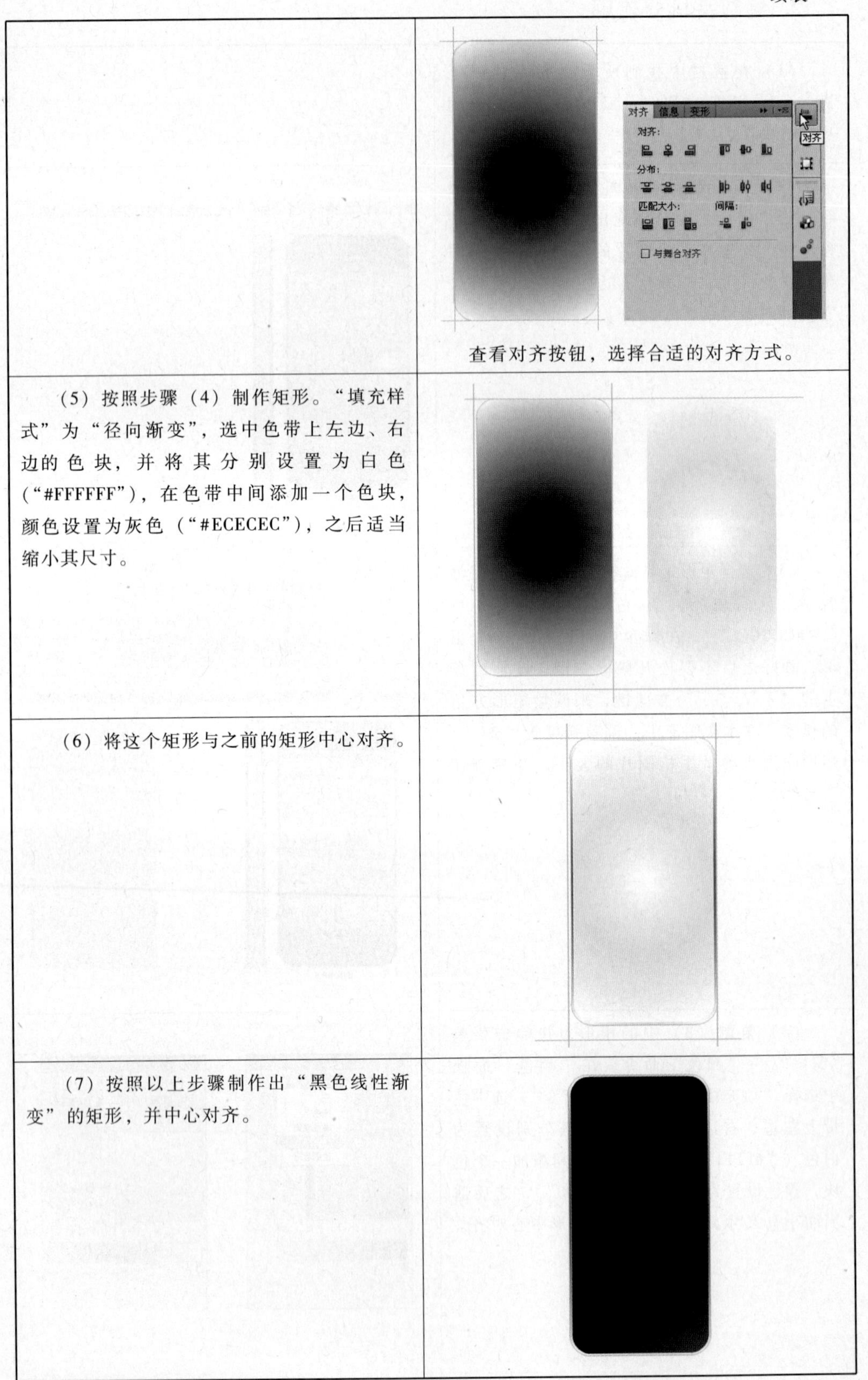

	查看对齐按钮，选择合适的对齐方式。
（5）按照步骤（4）制作矩形。“填充样式”为“径向渐变”，选中色带上左边、右边的色块，并将其分别设置为白色（“#FFFFFF”），在色带中间添加一个色块，颜色设置为灰色（“#ECECEC”），之后适当缩小其尺寸。	
（6）将这个矩形与之前的矩形中心对齐。	
（7）按照以上步骤制作出“黑色线性渐变”的矩形，并中心对齐。	

任务二——按钮设计

1. 绘制按钮一

（1）选择椭圆工具，在按 Shift 键的同时绘制正圆。单击菜单“窗口”→“颜色”命令，在“颜色”面板中选择“填充样式”为“线性渐变”，将色带上左边、右边的色块颜色设置为“#959595”。在色带中间添加一个色块，颜色设置为“#000000”。笔触设置为“无”。	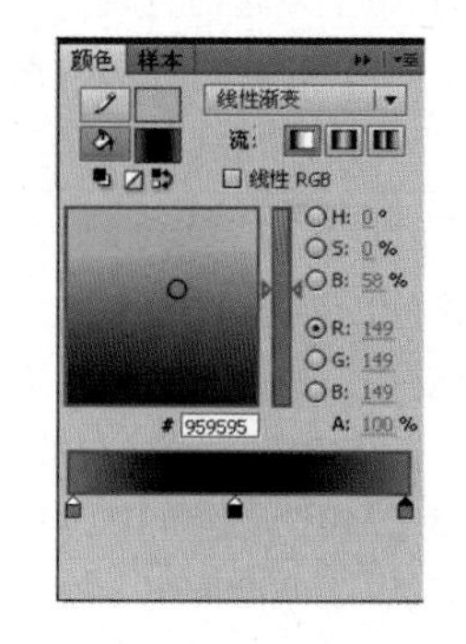 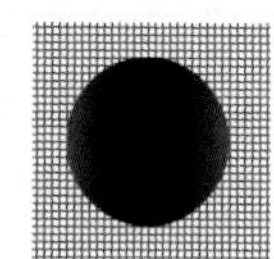
（2）依照步骤（1）中的方法绘制第二个正圆。单击菜单“窗口”→“颜色”命令，在“颜色”面板中选择“填充样式”为“线性渐变”，选中色带上左边的色块，颜色设置为“#959595”，选择右边的色块，颜色设置为“#000000”，之后将两个圆形中心对齐。	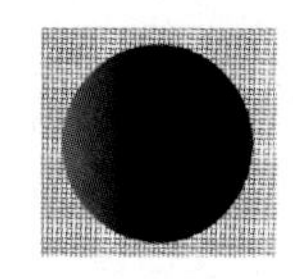 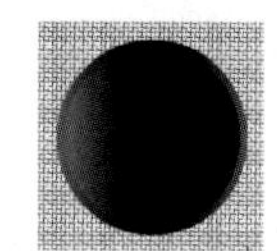
（3）选择矩形工具，在工具箱中将笔触颜色设为“#999999”，填充颜色设为“无色”，在舞台中绘制出一个矩形，画好之后不要松开鼠标左键，按下键盘上的“↑”、“↓”方向键，来调整矩形方角的弧度。将该矩形与步骤（2）中的圆形中心对齐。	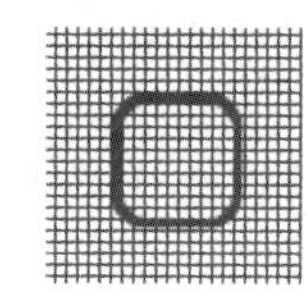 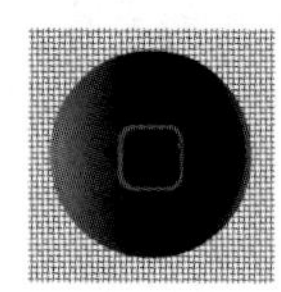
（4）将步骤（3）中的图形结组，放置在手机外轮廓中。	 结组的快捷键为 Ctrl+G。 取消结组的快捷键为 Ctrl+Shift+G。

2. 绘制按钮二

（1）选择椭圆工具，在按 Shift 键的同时绘制正圆。单击菜单“窗口”→“颜色”命令，在“颜色”面板中选择“填充样式”为“线性渐变”，选中色带上左边的色块，颜色设置为“#959595”，选中右边的色块，颜色设置为“#000000”。	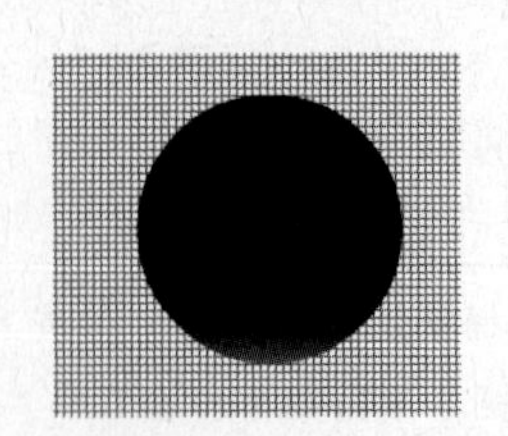
（2）复制正圆。单击菜单“窗口”→“颜色”命令，在“颜色”面板中选择“填充样式”为“径向渐变”，选中色带上左边的色块，颜色设置为“#053048”，单击右边色块，颜色设置为“515050”。色带中间增加一个色块，颜色设置为“#000000”。缩小到合适尺寸，并与步骤（1）的圆形中心对齐。	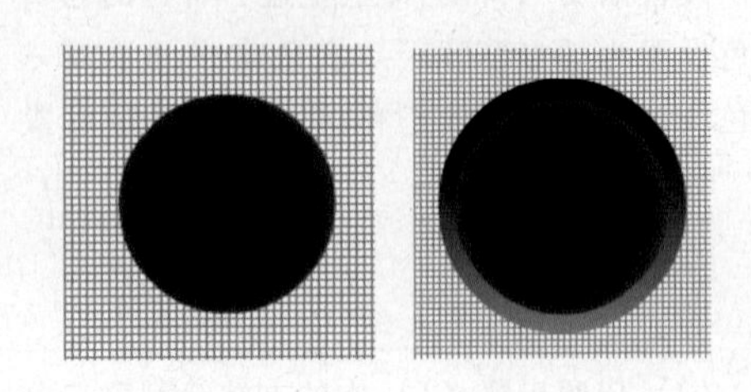
（3）按照上述方法制作出其他按钮。	
选择矩形工具，分为三层图形，进行渐变色的填充。	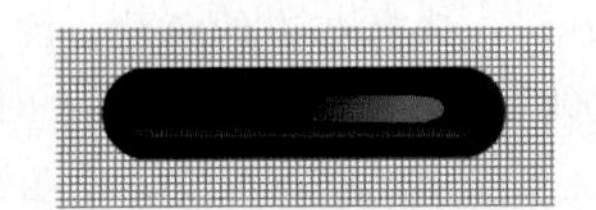
选择矩形工具，分为两层图形，进行渐变色的填充。 因为图形大小不同，所以这两个按钮的渐变色不同。 根据手机外观效果图可知，需要 2 个该按钮，所以分别复制 1 个按钮。	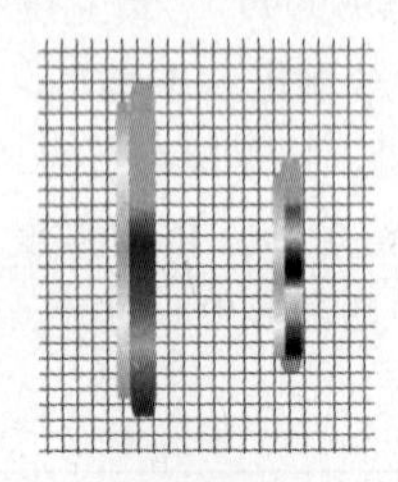
选择矩形工具，进行渐变色的填充。根据手机外观效果图可知，需要 3 个该按钮，所以复制 2 个按钮。	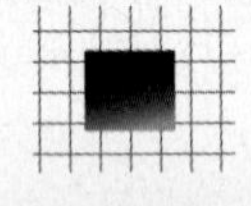
（4）将制作好的按钮放在手机外观上。	

任务三——手机外观整合

1. 制作手机界面

（1）选择矩形工具，绘制一个矩形，填充为黑色，放置在手机外观上。	
（2）单击菜单“文件”→“导入”，在素材中找到“iphone 界面 . jpg”的图片，双击图片文件，导入到舞台，然后调整尺寸，放在之前制作好的手机外形上。	

2. 制作透明图层

（1）复制一张手机的外轮廓图。选择直线工具，在手机外轮廓上画出一条倾斜的直线，然后选取右上角的图形，其余的删除。	

（2）填充透明图形。单击菜单“窗口”→“颜色”命令，在“颜色”面板中选择“填充样式”为“线性渐变”，选中色带上左边的色块，颜色设置为“#FFFFFF”，“A”为“55 %”；选择右边的色块，颜色设置为“#FFFFFF”，“A”为“0 %”，进行填充。用快捷键 Ctrl+G 结组，调整位置，用快捷键 Ctrl+S 保存。	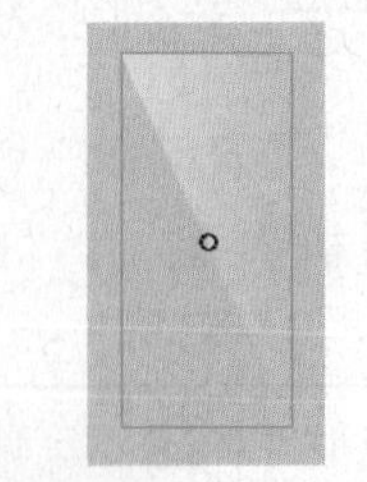 “A”表示透明度。
（3）放置透明图形到手机外观上，最终效果图就完成了。	

知识要点

1. 矩形工具

选择矩形工具，在舞台上拖拽鼠标可以绘制出一个矩形。按住 Shift 键可以绘制出正方形。在绘制出矩形后，按方向键，可以绘制出圆角矩形，也可以通过调整矩形“属性”面板，在“矩形选项”中输入需要的数值，就可以得到需要的圆角矩形，如图 1-4 所示。

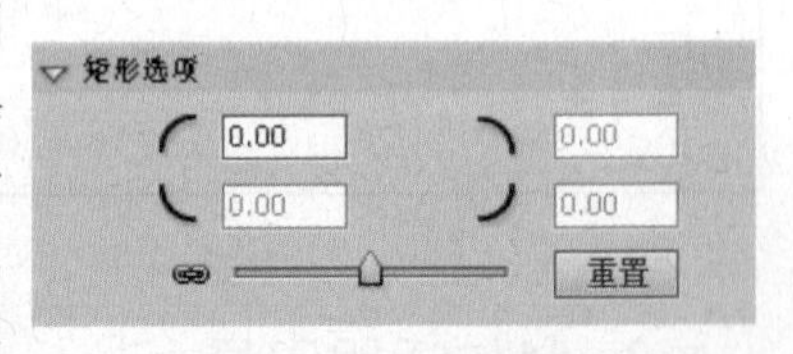

图 1-4　绘制圆角

2. 选择工具

（1）选择对象

使用选择工具，单击所选对象，可以选中该对象。按住 Shift 键可以增加选取对象。如果需要框选对象，可以直接使用选择工具在对象外轮廓上拉出一个矩形框。

（2）移动、复制对象

使用选择工具，单击所选对象，按住鼠标左键不放，可以移动对象到任意位置。

使用选择工具，单击所选对象，按住 Alt 键，拖动所选对象到任意位置，所选对象被复制。

（3）**调整向量线条、色块**

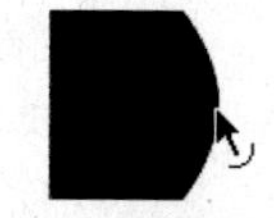

图 1-5　调整线条、色块

使用选择工具，将鼠标移动到对象，鼠标下方出现圆弧。拖动鼠标可以调整选中的线条、色块，如图 1-5 所示。

使用选择工具，在右侧会出现如下按钮。

“贴紧至对象”按钮：自动将舞台中的两个对象定位在一起，通常在制作引导层动画时使用这个按钮将关键帧的对象锁定在引导路径中。该按钮还可以将对象定位在网格上。

“平滑”按钮：可以柔化选择的曲线条。在选中对象时，该按钮变为可用。

“伸直”按钮：可以锐化选择的曲线条。当选中对象时，该按钮变为可用。

（4）**部分选取工具**

选择部分选取工具，在对象的外边缘单击，对象上会出现多个节点，拖动节点可以调整控制线的长度和弧度。

3. 颜料桶工具

在填充颜色时，常常会出现颜色填充不进去的现象，造成这种问题的原因是由于线条围成的区域不封闭。选择不同的模式，可以实现颜色填充，如图 1-6 所示。

不封闭空隙 不封闭空隙 颜料桶不能填充有空隙的区域。

封闭小空隙 封闭小空隙 颜料桶可以填充有小空隙的区域。

封闭中等空隙 封闭中等空隙 颜料桶可以填充有中等空隙的区域。

封闭大空隙 封闭大空隙 颜料桶可以填充有大空隙的区域。

不封闭空隙模式　　封闭小空隙模式　　封闭中等空隙模式　　封闭大空隙模式

图 1-6　不同模式下的颜色填充

（1）**颜色面板**

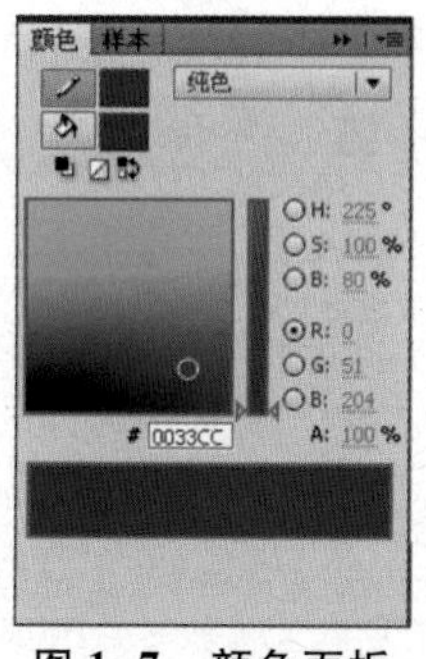

图 1-7　颜色面板

单击菜单“窗口”→“颜色”命令，弹出“颜色”面板。如图 1-7 所示。

单击“笔触颜色”按钮，可以调整线条的颜色。

单击“填充颜色”按钮，可以调整填充颜色。

单击“黑白”按钮，可以将线条、填充色恢复为系统默认的设置。

单击“颜色转换”按钮，可以将线条、填充色进行

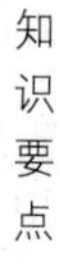

互换。

"A"按钮 A: 100 % 用来调整颜色的透明度，数值选取范围为 0 ~ 100。

（2）自定义线性渐变

在"颜色"面板的"颜色类型"中选择"线性渐变"，如图 1-8（a）所示，将鼠标放置在滑动色带上，可以增加或删除颜色，如图 1-8（b）所示。

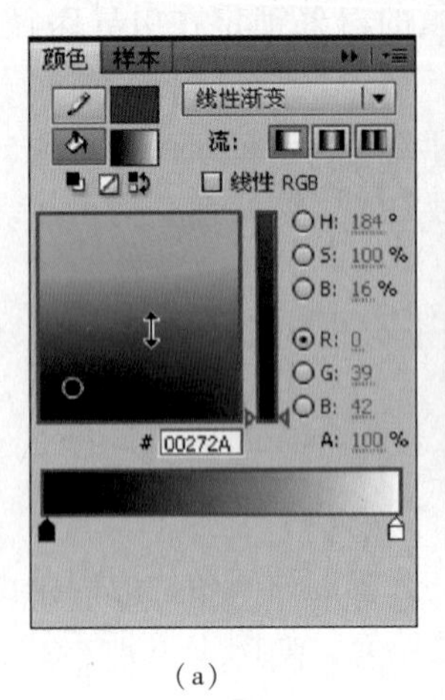

（a）

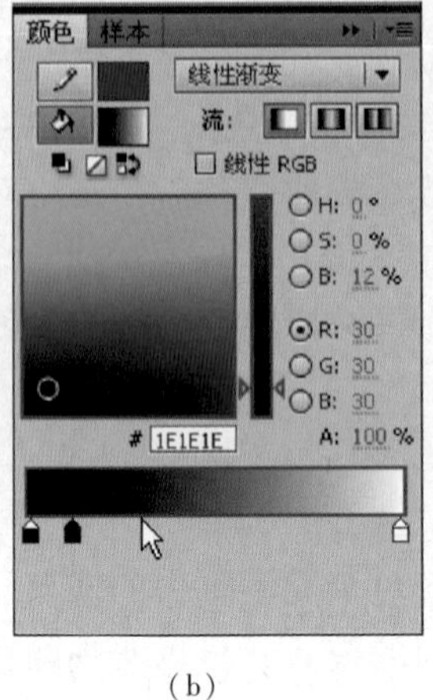

（b）

图 1-8　自定义线性渐变

图 1-9　自定义径向渐变

（3）自定义径向渐变

如图 1-9 所示，在"颜色"面板的"颜色类型"中选择"径向渐变"，将鼠标放置在滑动色带上，可以增加或删除颜色。

（4）自定义位图填充

如图 1-10 所示，在"颜色"面板的"颜色类型"中选择"位图填充"。弹出"导入到库"对话框，如图 1-11 所示，选择要导入的图片。单击"打开"按钮，将选中的图片导入"颜色"面板中，如图 1-12 所示。选择矩形工具，在舞台上绘制矩形，则矩形的内部填满了导入的图片。

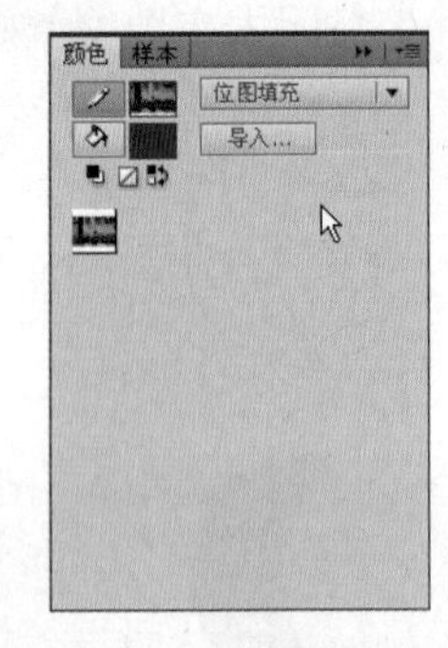

图 1-10　位图填充

图 1-11　导入图片

图 1-12　导入效果

拓展训练——PSP外观设计

（1）单击菜单“文件”→“新建”命令，在弹出的“新建文档”对话框中单击“确定”按钮，打开一个新的文档。在文档属性面板中修改舞台窗口的大小，宽度为550像素，高度为400像素。	
（2）单击________，在下拉菜单中选择“新建元件”，重命名为“PSP”。	
（3）在素材中找到所需要的图片“PSP.jpg”，并拖入Flash CS5中，方便对照图片进行操作。	
（4）单击菜单“视图”→“标尺”命令，从标尺中分别拖出横向、纵向4条参考线，放置在图片“PSP.jpg”的四周。	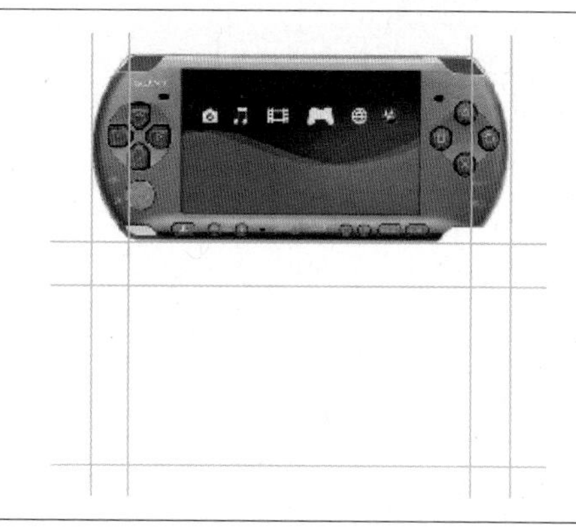
（5）新建图层，并重命名。	
（6）选择矩形工具，在工具箱中将笔触颜色、填充颜色均设为灰色（“#999999”），在舞台的参考线中绘制矩形。	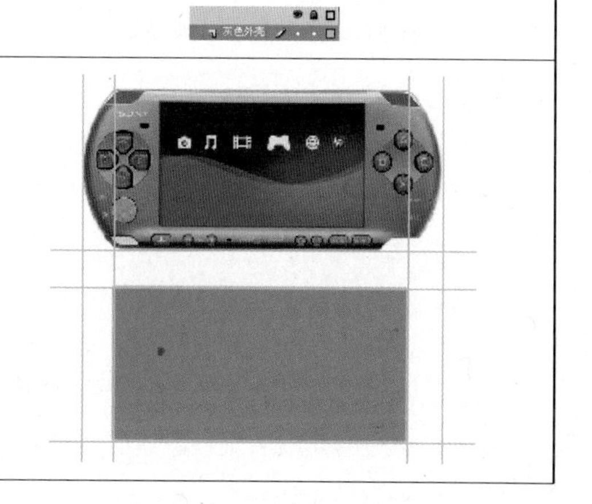

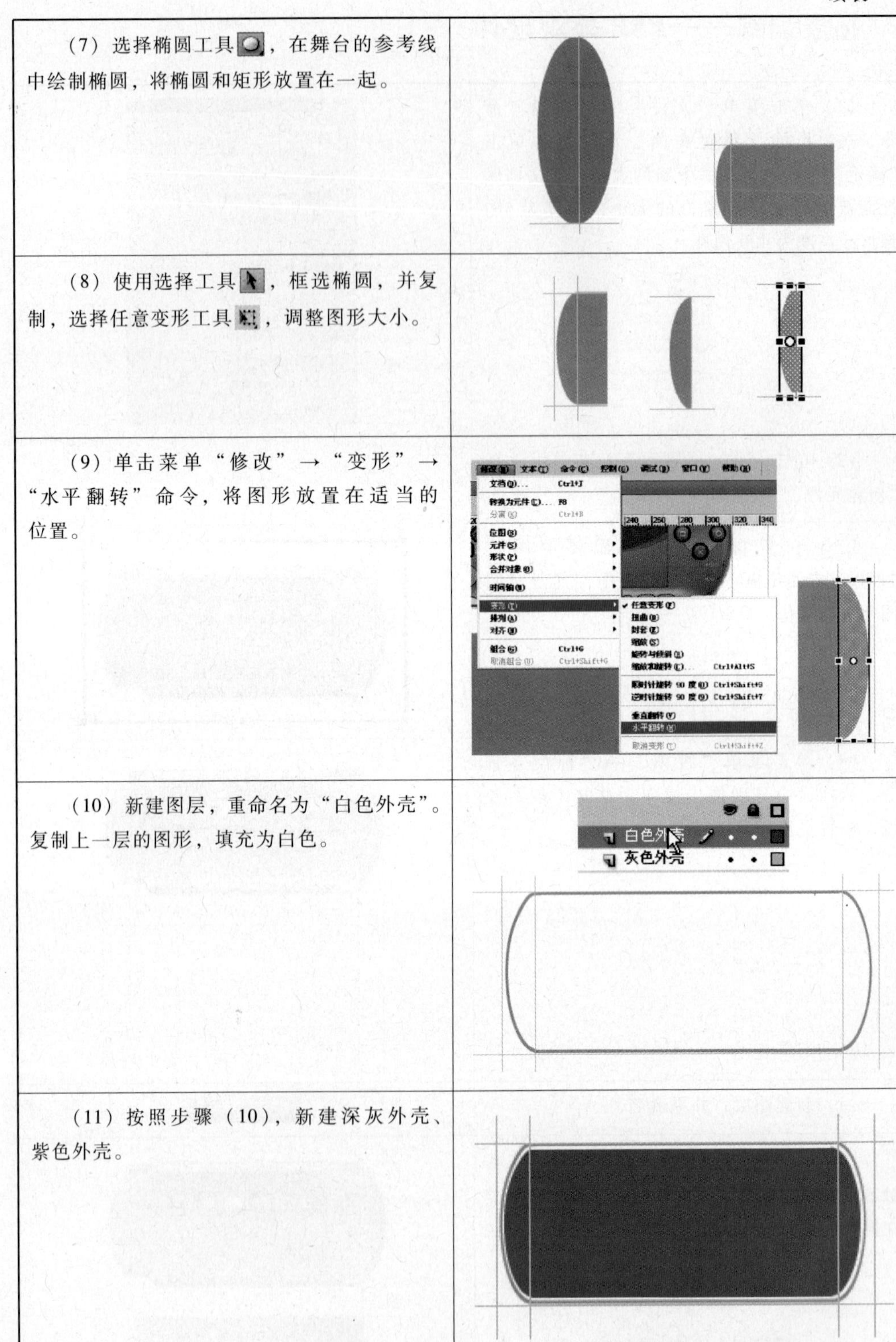

(7) 选择椭圆工具，在舞台的参考线中绘制椭圆，将椭圆和矩形放置在一起。	
(8) 使用选择工具，框选椭圆，并复制，选择任意变形工具，调整图形大小。	
(9) 单击菜单“修改”→“变形”→“水平翻转”命令，将图形放置在适当的位置。	
(10) 新建图层，重命名为“白色外壳”。复制上一层的图形，填充为白色。	
(11) 按照步骤 (10)，新建深灰外壳、紫色外壳。	

续表

（12）单击菜单“窗口”→“颜色”命令，在“颜色”面板中选择“填充样式”为“径向渐变”。选中色带上左边色块，颜色设置为“#DB9AE5”；单击右边色块，颜色设置为“#581546”。色带中间增加两个色块，颜色设置由左到右为“#BD77CD”、“#B385A1”，进行填充。	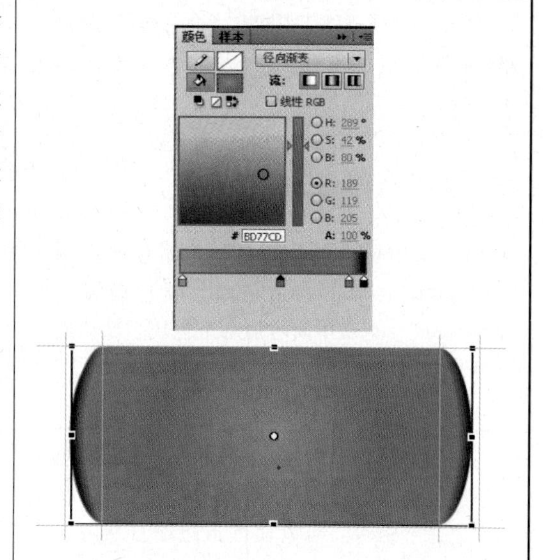
（13）选择________工具，绘制直线、斜线。删除四边角的紫色色块。	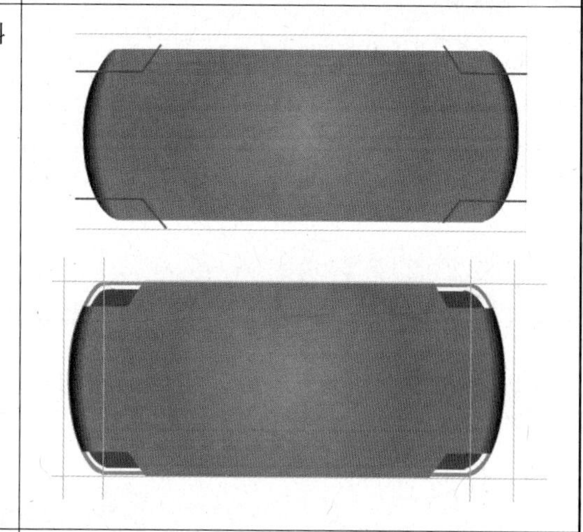
（14）复制紫色图形。单击菜单“窗口”→“颜色”命令，在“颜色”面板中选择“填充样式”为“线性渐变”。选中色带上左边色块，颜色设置为“#E8C6FC”；单击右边色块，颜色设置为“#1C0900”。色带中间增加两个色块，颜色设置由左到右为“#F7E0FF”、“#B36DEE”，进行填充。	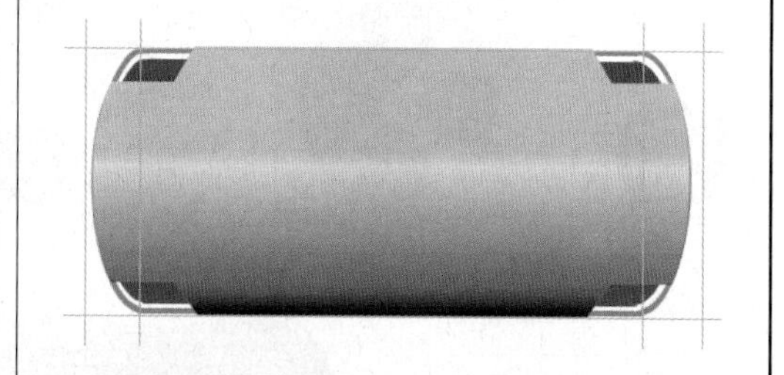
（15）删除右下角的灰色块，并调整四边的弧度大小。	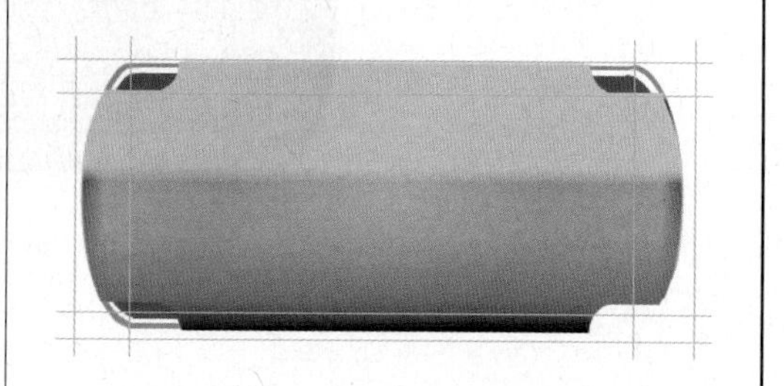

续表

(16) 选择直线工具，绘制两条直线，删除两条直线中间的紫色色块，然后删除两条直线。 调整图形下方色块的颜色渐变； 单击菜单“窗口”→“颜色”命令，在“颜色”面板中选择“填充样式”为“线性渐变”。选中色带上左边色块，颜色设置为“#E8C6FC”；单击右边色块，颜色设置为“#B377FF”。色带中间增加一个色块，颜色设置为“#F7E0FF”。	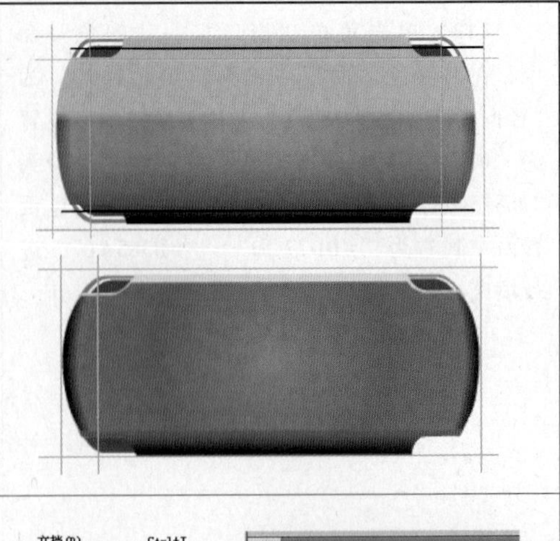
(17) 按照步骤（16）制作出一个新的矩形。单击菜单“修改”→“形状”→“柔化填充边缘”命令，可以使图形边缘自然过渡到其他图形。	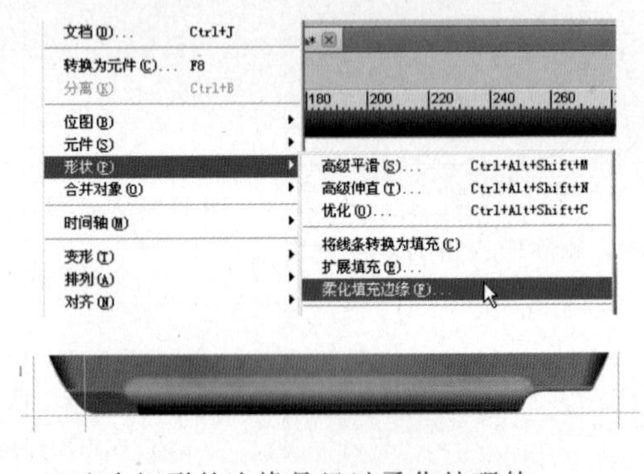 这个矩形的边缘是经过柔化处理的。

PSP外轮廓制作完成后，需要对按钮进行制作。制作步骤可参照手机外观效果图的制作，最终效果如图1-13所示。

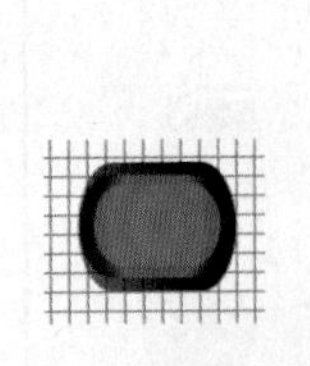

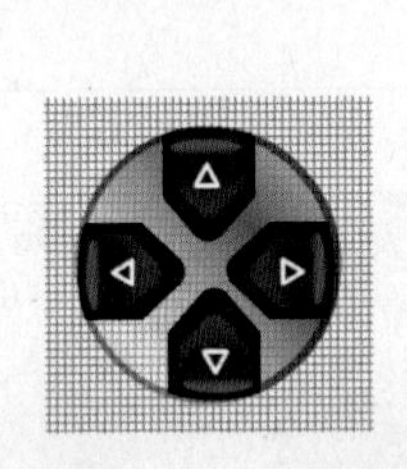

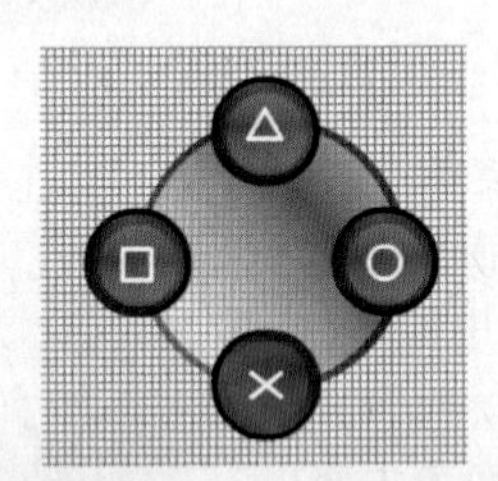

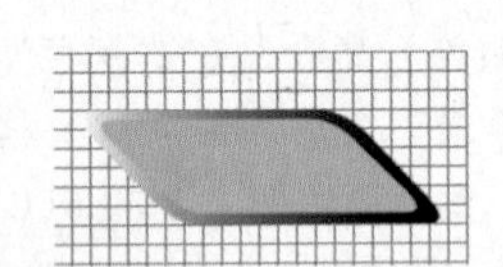

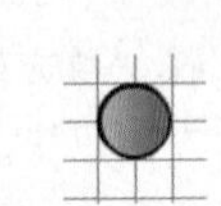

图1-13　PSP最终效果

项目 2
广告动画制作

项目描述

1. 项目简介

从本项目开始，将介绍用 Flash CS5 制作动画。Flash CS5 既能制作二维动画，还能制作三维动画。本项目介绍二维动画的制作。

本项目（青水家园——房地产广告动画制作）取义亲近自然，在素材上选取了湖水、楼房、太阳、小鸟。其中，湖水、楼房、小鸟需要学生动手制作。太阳的升起、小鸟相交错落地飞过也都需要学生根据所学的引导层完成最终效果。

拓展训练介绍制作太阳落山的动画，以便于学生进一步熟悉引导层。

2. 项目要求

本项目分为 3 个子任务：

① 绘制主场景。

② 绘制楼房、小鸟。

③ 制作动画。

三者按照循序渐进的递进关系进行制作。

3. 实现构想

本项目通过钢笔工具绘制出湖水、草坪、小鸟，锻炼学生编辑图形的能力。通过引导层的学习，使学生掌握基本的动画原理。通过补间动画的学习，能实现太阳由小变大升起这一过程。

任务一绘制主场景，使用钢笔工具调节湖水、草坪的弧度，达到自然平滑的效果，如图 2-1 所示。

任务二绘制楼房、小鸟元件，如图 2-2、图 2-3、图 2-4 所示。在这个任务里，使用矩形、钢笔工具，利用 Flash 强大的图形编辑功能，以期达到满意的效果。

任务三制作动画，重点选取引导层对图层的引导效果，从而使太阳、小鸟能够沿着规定的路径顺畅地运动，如图 2-5 所示。

图 2-1　湖水、草坪

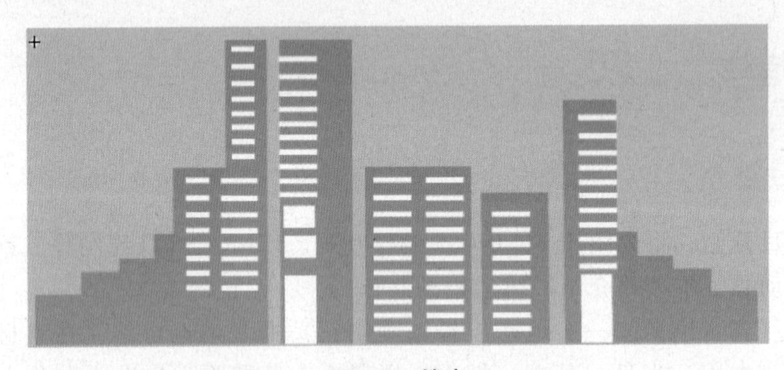

图 2-2　楼房

图 2-3　红色小鸟

图 2-4　黄色小鸟

图 2-5　青水家园广告最终效果

任务一——绘制主场景

1. 绘制湖水

（1）选择“文件”→“新建”命令，在弹出的“新建文档”对话框中单击“确定”按钮，打开一个新的文档。在文档属性面板中修改舞台窗口的大小，宽度为 550 像素，高度为 400 像素。

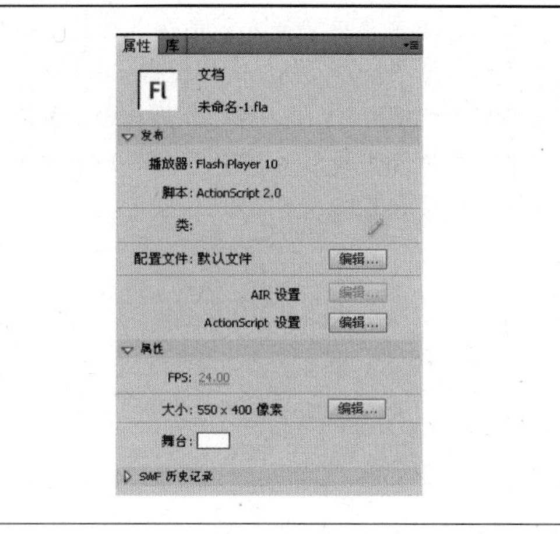

（2）将“图层 1”的名称改为“湖水”。选择钢笔工具，单击菜单“窗口”→“颜色”命令，在“颜色”面板中选择“填充样式”为“线性渐变”，笔触颜色设置为无。在填充颜色里，选中色带上左边的色块，颜色设置为“#30CBC6”，选择右边的色块，颜色设置为：“#FFFFFF”，透明度“A”为“30%”。在舞台中间绘制湖水的形状。

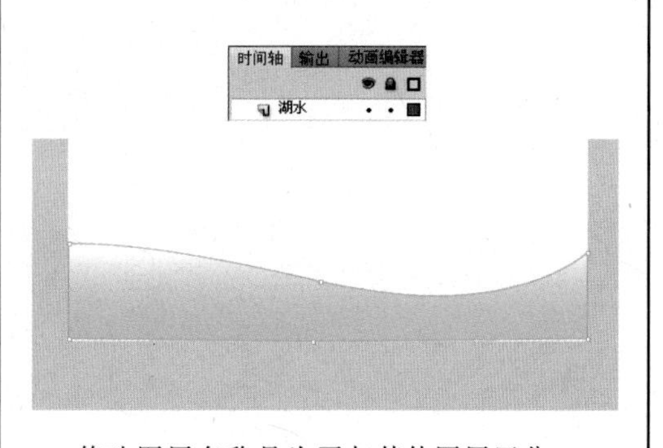

修改图层名称是为了与其他图层区分。

2. 绘制草坪

（1）单击“时间轴”面板下的新建图层，创建“图层 2”并修改名称为“草坪”。

（2）选择铅笔工具，在工具箱中将笔触颜色设为无，填充颜色设为绿色（“#189506”），绘制草坪的形状，并对线段进行调整。

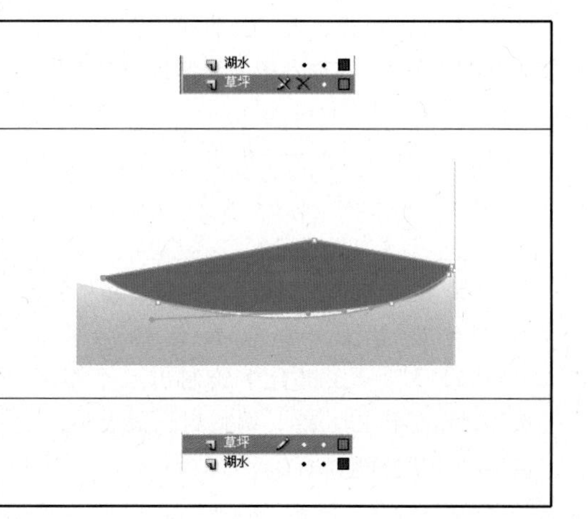

（3）在图层面板上互换“草坪”和“湖水”图层的位置，并保存（快捷键 Ctrl+S）。

任务二——绘制楼房、小鸟

1. 绘制楼房

（1）单击菜单“插入”命令，在其下拉菜单中选择“新建元件”（快捷键 Ctrl+F8），重命名为“楼房”。在“属性”面板中，将舞台背景色填充为灰色（“#CCCCCC”）（方便接下来观看效果）。

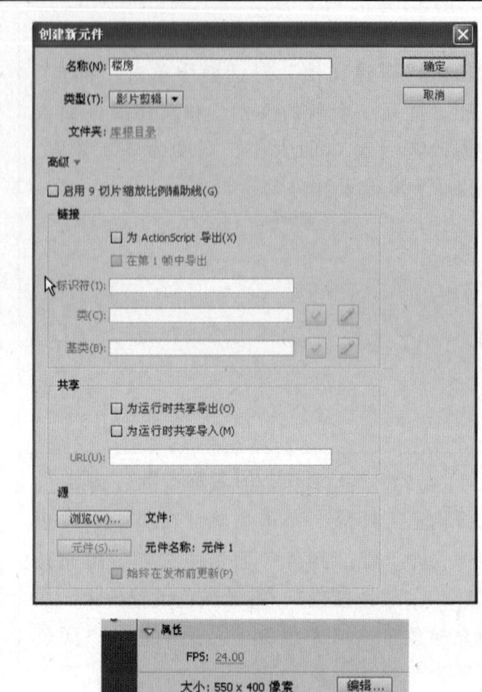

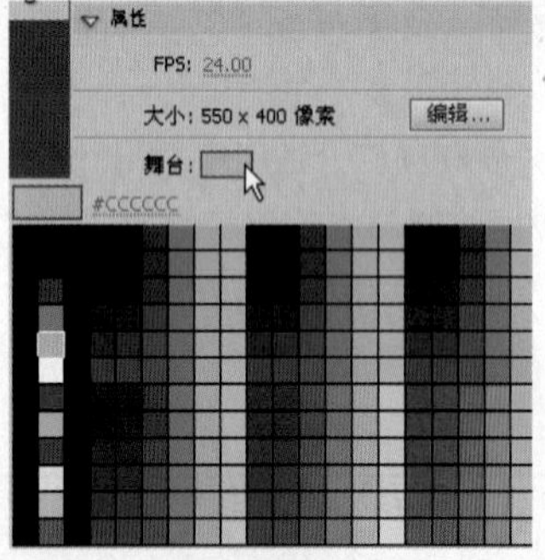

（2）选择矩形工具，在工具箱中将笔触颜色设为无，填充颜色设为绿色（“#63A725”），在舞台中间绘制出一个矩形。

（3）选择矩形工具，在工具箱中将笔触颜色设为无，填充颜色设为白色（“#FFFFFF”），在舞台中绘制出一个矩形，选择任意变形工具，调整到合适大小，然后结组（快捷键 Ctrl+G）。

(4) 将这个白色的矩形拖入步骤 (2) 绘制的矩形内部，并复制出多个小矩形。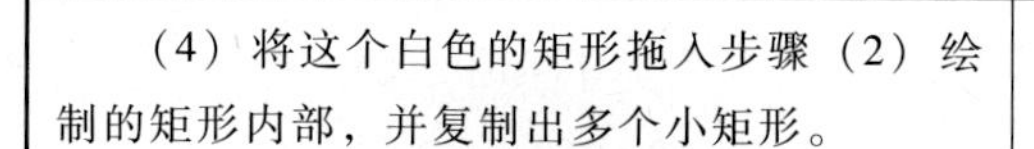	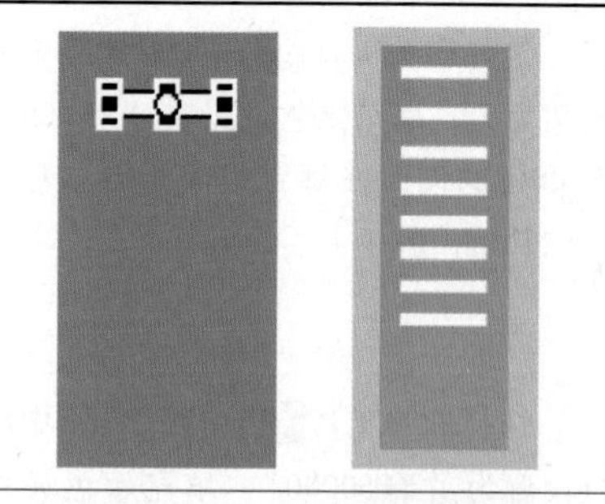
(5) 选中白色矩形，复制 11 个。然后选中这 11 个白色矩形复制出两组，并结组（快捷键 Ctrl+G）。复制绿色的矩形，并选择任意变形工具，调整绿色矩形的大小。	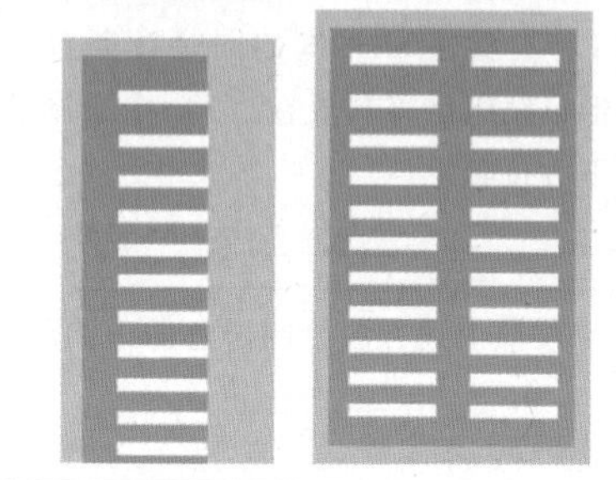
(6) 按照上述方法，绘制出三组带有白色矩形的图形和两组绿色矩形的图形，分别和 (5) 的图形连接在一起，构成楼房的整体，并保存（快捷键 Ctrl+S）。	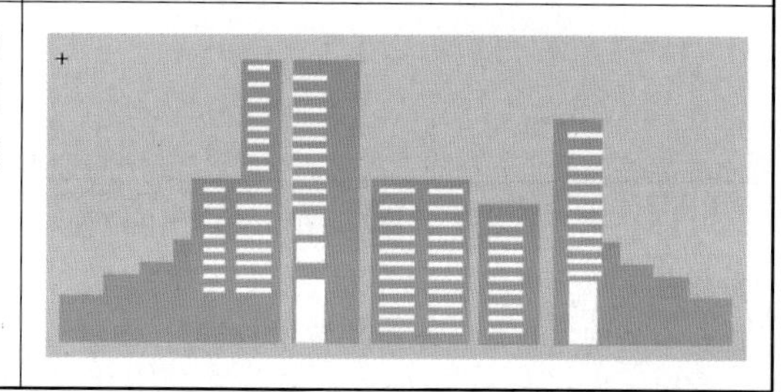

2. 绘制红色小鸟

(1) 单击菜单"插入"命令，在其下拉菜单中选择"新建元件"（快捷键 Ctrl+F8），重命名为"红小鸟"。	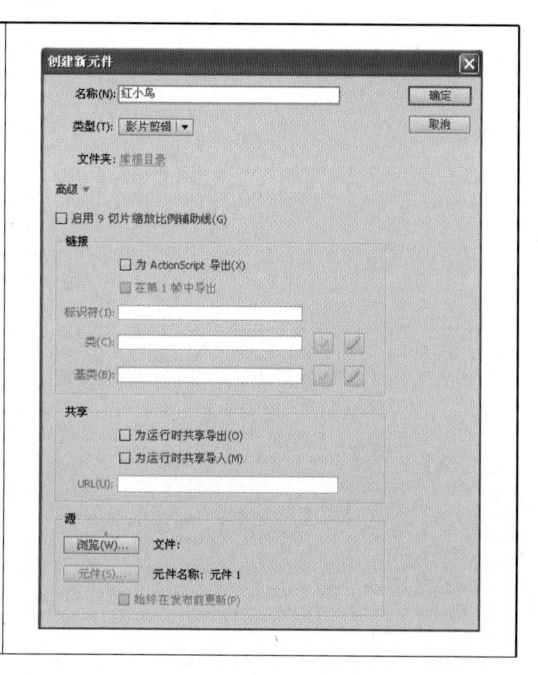

续表

（2）选择椭圆工具，在工具箱中将笔触颜色调为无，填充颜色设置为“#FF0000”，按住 Shift 键的同时在舞台中间绘制圆形，并结组（快捷键 Ctrl+G）。	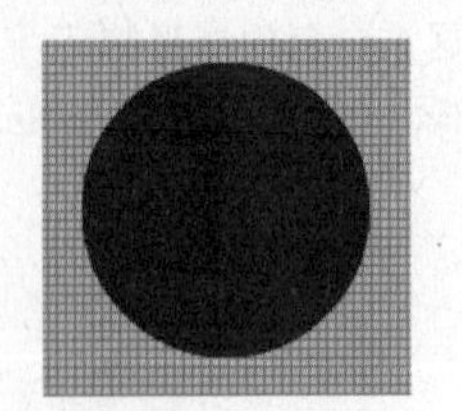
（3）选择椭圆工具，在工具箱中将笔触颜色设置为“#C50000”，填充颜色设置为“#FFFFFF”，按住 Shift 键的同时在舞台中间绘制圆形，结组后将其放在（2）中绘制的圆形的中下方位置上。	
（4）按照上述方法绘制黑色的正圆形。	
（5）选择直线工具，在工具箱中将笔触颜色、填充颜色均设置为“#FFEC3F”，在舞台中绘制三角形。使用选择工具，调整三角形一边的弧度。效果如右图所示。	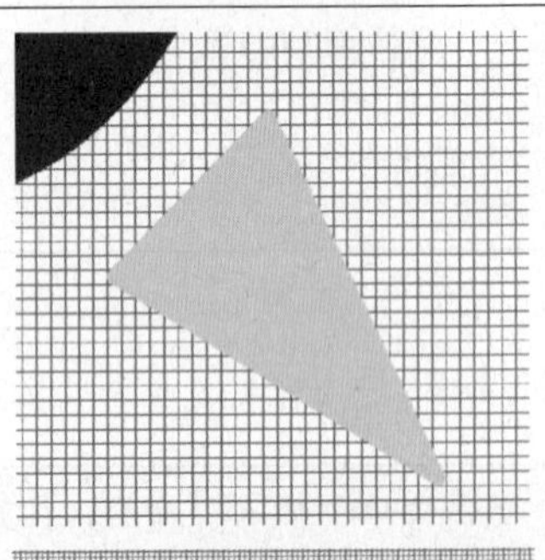 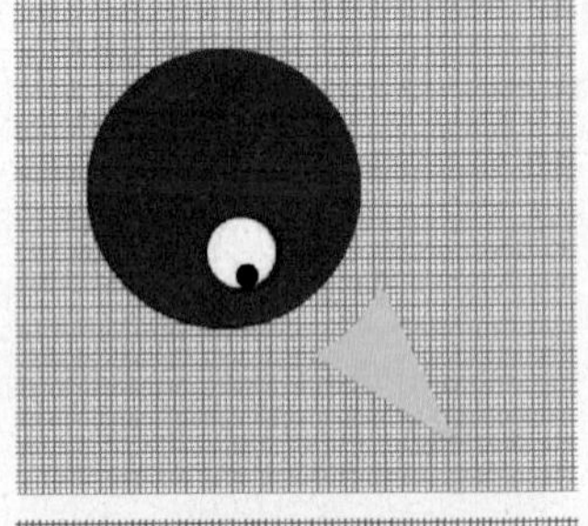 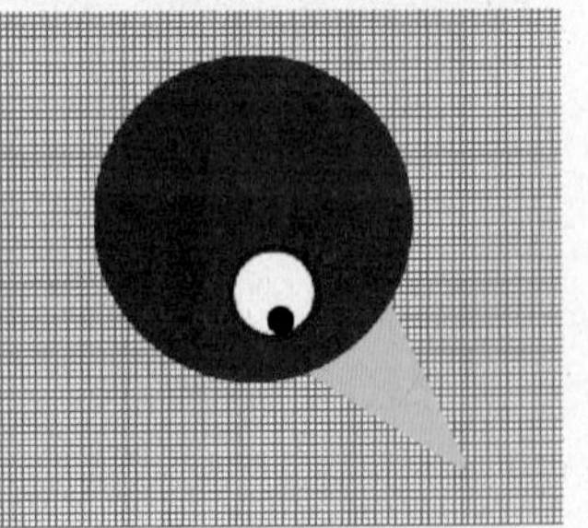

(6) 按照上述方法绘制两个三角形，如右图所示。将所有图形结组。	  对图形结组，是为了在接下来使用钢笔工具的时候，不让锚点与小鸟脸部的锚点结合在一起。
(7) 选择钢笔工具，绘制三角形，然后调整三边的形状。	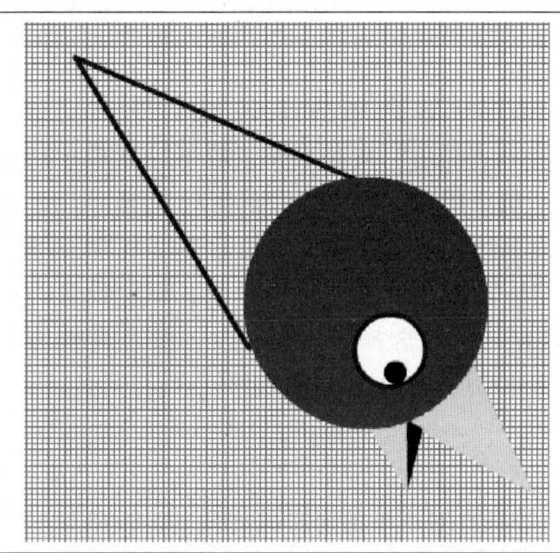
(8) 框选小鸟身体，单击菜单“窗口”→“颜色”命令，将笔触颜色设置为无，填充颜色设置为“#FF0000”，填充小鸟身体的颜色，然后将小鸟的身体结组。	

(9) 选择钢笔工具，单击“窗口”→“颜色”命令，在“颜色”面板中选择“填充样式”为“线性渐变”，笔触颜色设置为黑色，笔触大小设置为0.10。在填充颜色里，选中色带上左边的色块，颜色设置为“#FF6699”，选中右边的色块，颜色设置为“#FF0000”，绘制一个不规则的矩形并调整锚点的弧度，使之成为小鸟尾巴的形状。	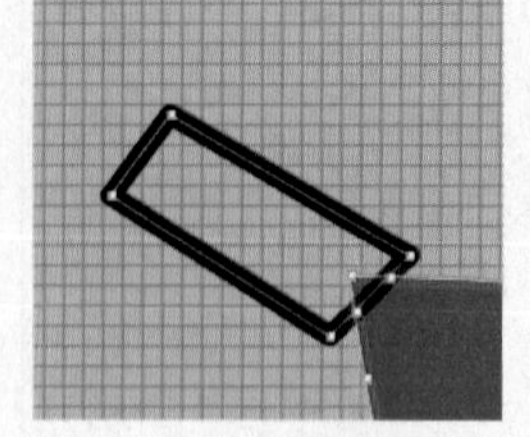 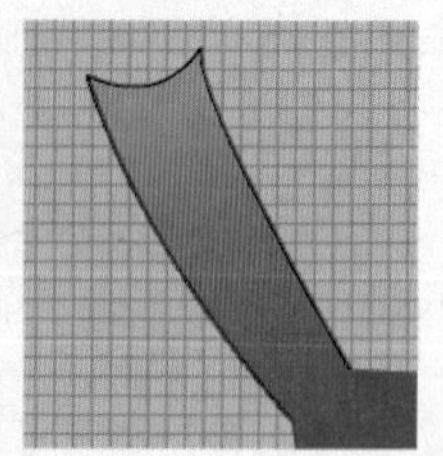
(10) 选择颜料桶工具，填充颜色。单击菜单“窗口”→“颜色”命令，将笔触颜色设置为无，再次进行填充。	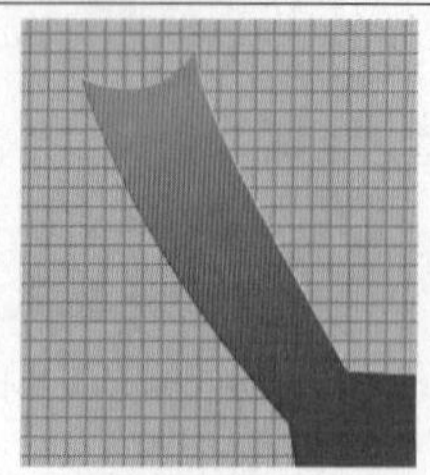
(11) 复制这个图形，进行调整，并将这两个图形结组，效果如右图所示。	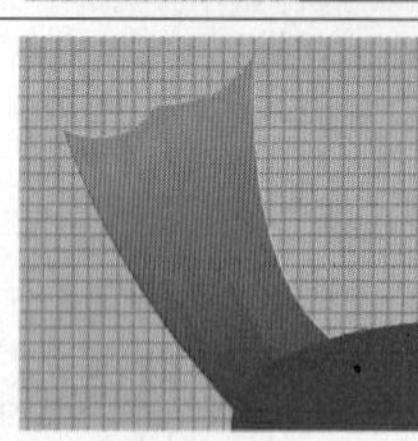
(12) 选择钢笔工具，单击“窗口”→“颜色”命令，在“颜色”面板中选择“填充样式”为“线性渐变”，笔触颜色设置为黑色，笔触大小设置为0.10。在填充颜色里，选中色带上左边的色块，颜色设置为“#FF6699”，选择右边的色块，颜色设置为“#FF0000”，绘制小鸟的翅膀。	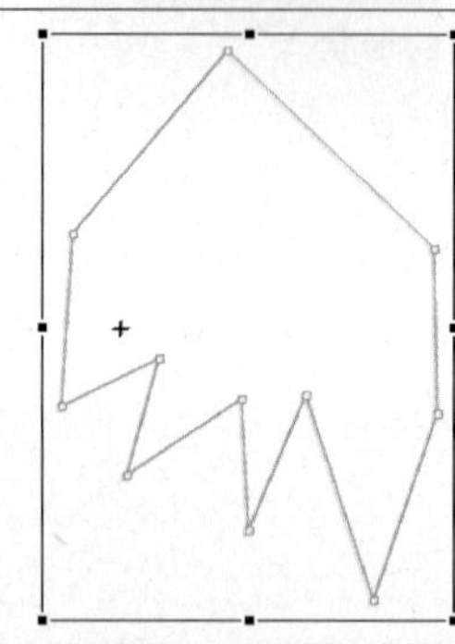
(13) 对小鸟的翅膀进行调整，效果如右图所示。 在调整过程中，可增加或删除锚点，以便于绘制出顺畅的弧度。 选择钢笔工具，点开右下角的小三角，会出现钢笔工具、添加锚点工具、删除锚点工具、转换锚点工具4个选择命令，可以选择合适的工具修改图形。 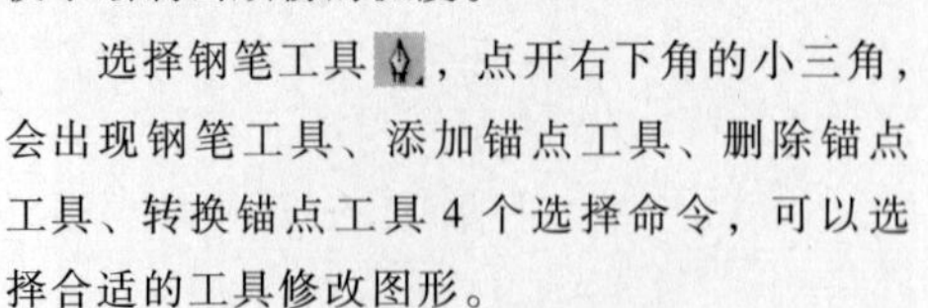	
(14) 选择颜料桶工具，填充颜色。单击菜单“窗口”→“颜色”命令，将笔触颜色设置为无，再次进行填充。	

续表

（15）选择钢笔工具，在工具栏中将笔触颜色设置为黑色，填充颜色设置为“#FF0000”，绘制翅膀上的羽毛，调整锚点。	
（16）选择颜料桶工具，填充颜色。单击菜单“窗口”→“颜色”命令，将笔触颜色设置为无，再次进行填充。	
（17）选择翅膀进行结组，将羽毛形状放到翅膀上，调整，直到和翅膀完全重合，对羽毛进行结组。	
（18）框选翅膀和羽毛进行结组，复制出一组新的翅膀。单击“修改”→“变形”→“水平翻转”。	
（19）调整翅膀的位置，最后效果如右图所示。	
（20）依据红色小鸟的制作方法，绘制出黄色小鸟，最后效果如右图所示。	也可以直接复制红色小鸟，然后对其进行黄颜色的填充，调整翅膀的角度，也可以制作出黄色小鸟。

任务三——制作动画

1. 制作红色小鸟动画

（1）选择羽毛和翅膀进行结组，然后调整它们的圆心。	

续表

（2）按照上述方法调整另一个翅膀。	
（3）单击“时间轴”面板上的第一帧，选择任意变形工具，将两个翅膀分别向后旋转。左翅膀“100°”，右翅膀“-90°”。单击“变形”命令，输入“100°”、“-90°”。	
（4）在“时间轴”面板上的第五帧插入关键帧，选择任意变形工具调整翅膀的旋转度数。单击“变形”命令，输入左翅膀为“0°”，右翅膀为“0°”。	
（5）在“时间轴”面板上的第十帧插入关键帧，选择任意变形工具调整翅膀的旋转度数。单击“变形”命令，输入左翅膀为“100°”，右翅膀为“-90°”。	
（6）在“时间轴”面板上的第十五帧插入关键帧，选择任意变形工具调整翅膀的旋转度数。单击“变形”命令，输入左翅膀为“0°”，右翅膀为“0°”。红色小鸟的飞翔动作就完成了，按 Enter 键观察效果。	 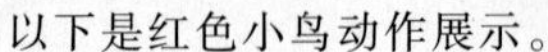 以下是红色小鸟动作展示。

续表

2. 制作黄色小鸟动画

按照制作红色小鸟动画的方法制作出黄色小鸟的动画，最终效果如右图所示。	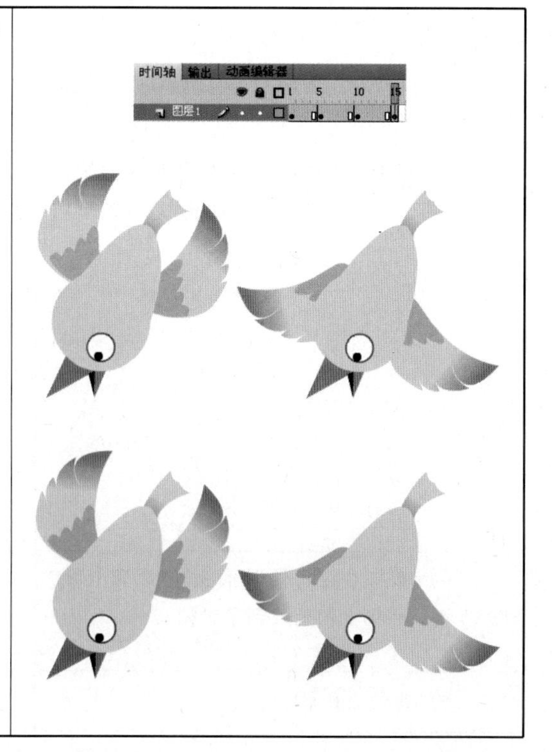

3. 制作背景动画

（1）单击菜单“文件”→“打开”命令，打开素材库，选择“太阳光”元件导入到舞台。	
（2）为了营造太阳光闪烁的效果，首先单击菜单“视图”→“标尺”。然后在舞台中拖出两条横向的参考线，一条参考线放置在“太阳光”中心上，另一条放置在最左边“太阳光”的顶点处。单击“时间轴”面板上的第一帧，选择任意变形工具，将图形向左旋转。	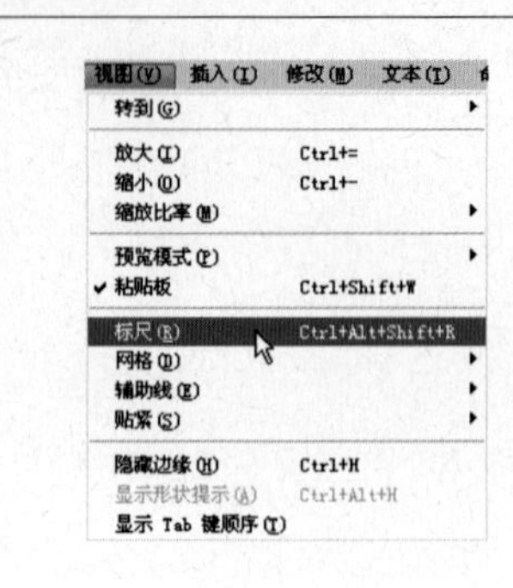
（3）单击“时间轴”面板上的第七帧插入关键帧，选择任意变形工具，将图形向右旋转。	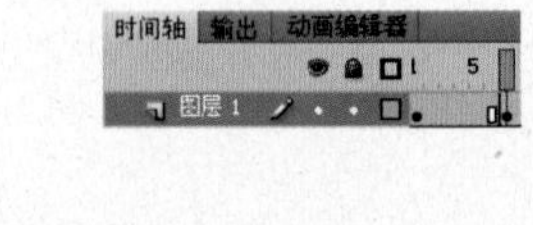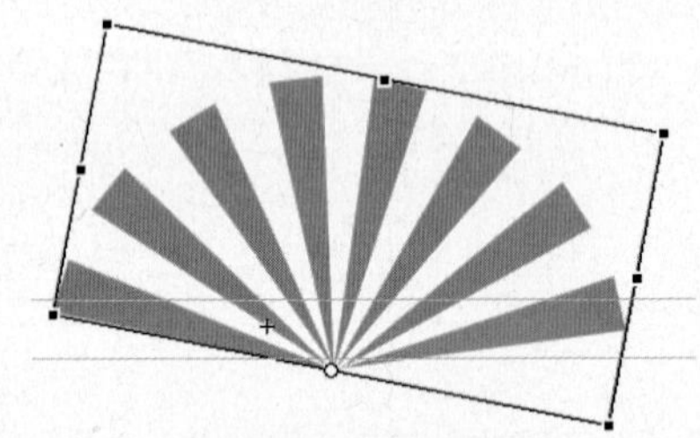
（4）单击“时间轴”面板上的第十帧，按 F5 键，将第七帧延长到第十帧。	
（5）背景动画制作完成。	

4. 制作主场景动画

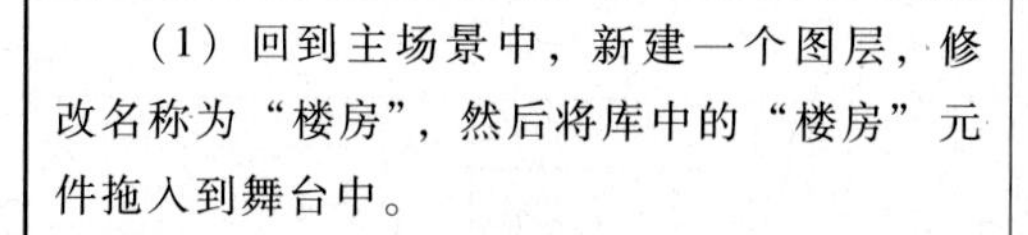

（1）回到主场景中，新建一个图层，修改名称为“楼房”，然后将库中的“楼房”元件拖入到舞台中。

（2）整体复制楼房，然后选择任意变形工具，单击菜单“修改”→“变形”→“垂直翻转”命令，形成楼房的倒影。调整图层，使楼房图层下移到湖水、草坪图层下面。

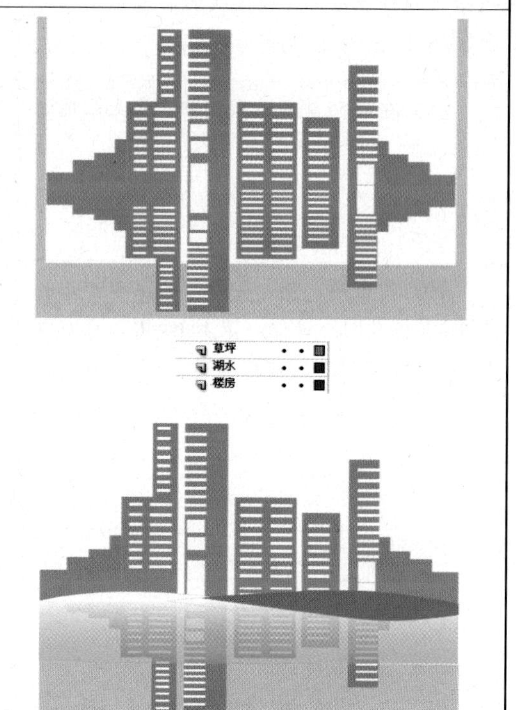

（3）新建一个图层，修改名称为“太阳”。单击菜单“文件”→“打开”命令，打开素材库，选择“太阳”元件，导入库中。

（4）右击“太阳”图层，在弹出的菜单上选择“添加传统运动引导层”命令，为“太阳”图层添加运动引导层。

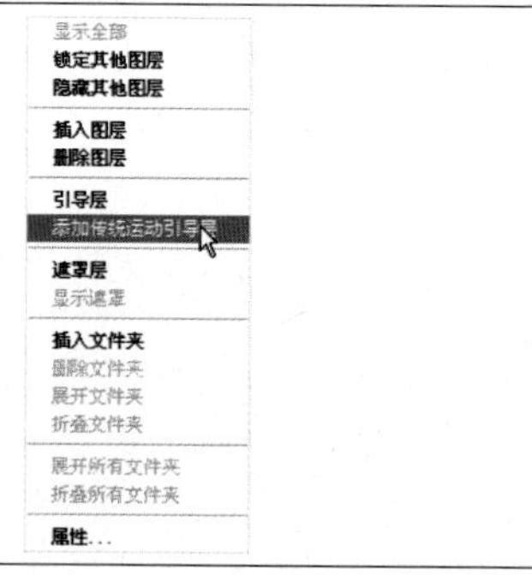

（5）关闭其他图层。选择铅笔工具，在舞台上绘制出一条由下到上的线。

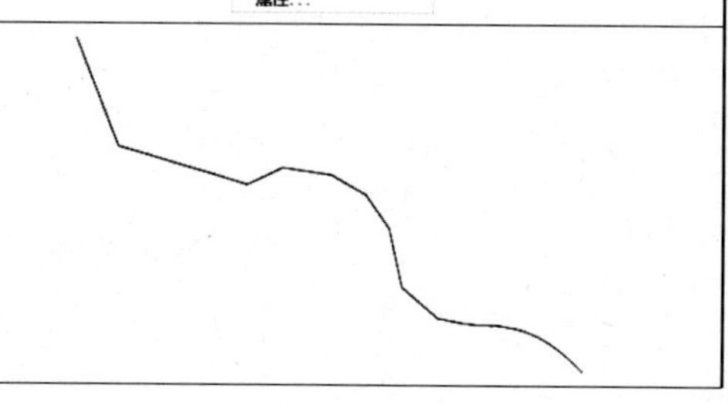

（6）选择“引导层”图层，在第60帧处按F5键，插入普通帧。	
（7）选择“太阳”图层，将“太阳”元件拖入到舞台中，放置在线的右端点上，将其缩小。	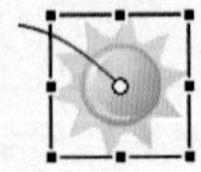
（8）在第55帧插入关键帧。将太阳拖到左边位置，适当放大。	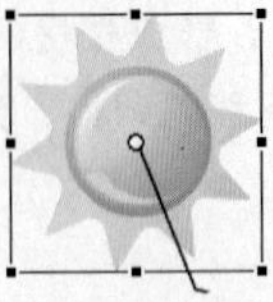
（9）右击第一帧，在弹出的菜单中选择“创建传统补间”命令，按Enter键，查看太阳沿线段由小变大的运动效果。	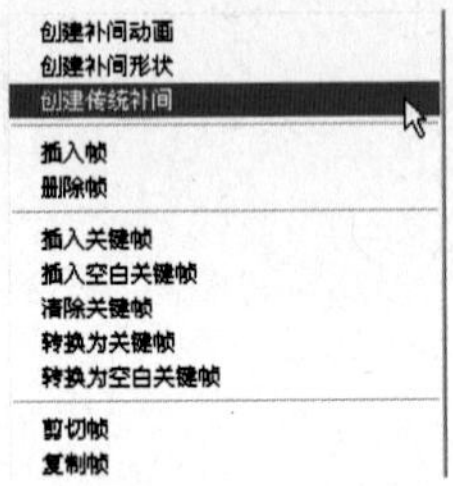 创建补间动画 创建补间形状 创建传统补间 插入帧 删除帧 插入关键帧 插入空白关键帧 清除关键帧 转换为关键帧 转换为空白关键帧 剪切帧 复制帧 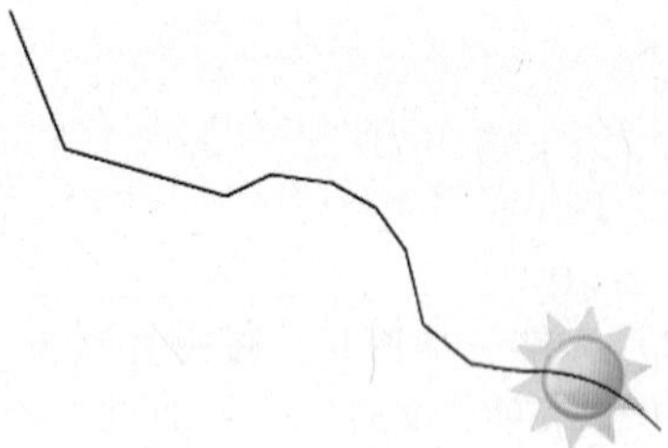 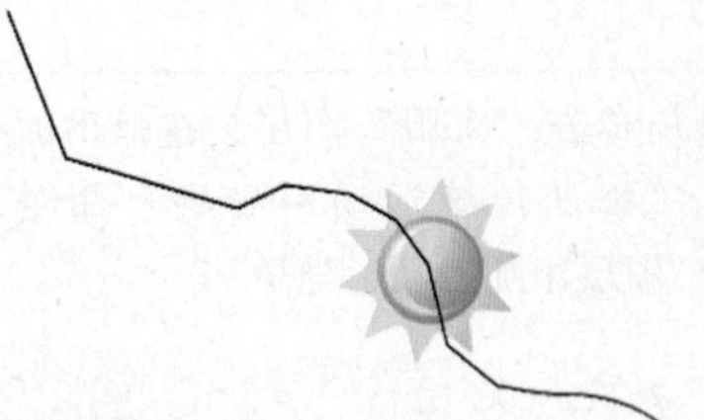 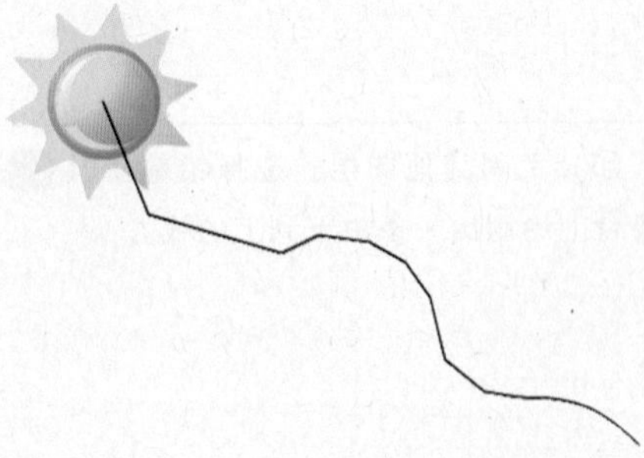

（10）选择第 60 帧，按 F5 键，使第 55 帧延续到第 60 帧。	
（11）继续创建引导层，为红色小鸟、黄色小鸟设计动画效果，最终效果如右图所示。	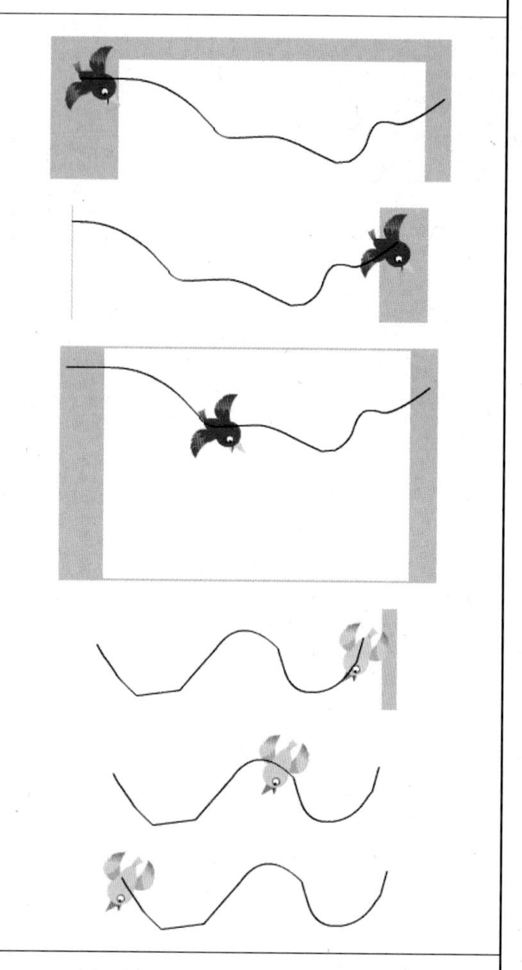
（12）分别选择“楼房”、“草坪”、“湖水”、“太阳光”图层的第 60 帧，按 F5 键，使图像延续到第 60 帧，青水家园房地产广告完成效果如右图所示。	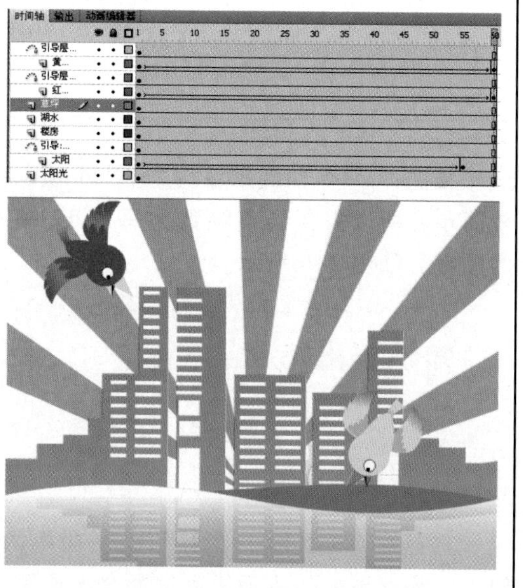

备注：Flash 动画默认为每秒 24 帧，但是因为该动画较简单，所以需要调整帧数为每秒 12 帧，以便保持动画的顺畅，如图 2-6 所示。

12.00 fps 2.4s

图 2-6 调整每秒的帧数

知识要点

1. 钢笔工具

选择钢笔工具，在开始绘制曲线的起始位置，按住鼠标不放，会出现第一个锚点。松开鼠标，放到任意位置会出现第二个锚点，此时，会出现一条直线。鼠标移向其他位置，直线变为曲线，如图 2-7 所示。

按住 Shift 键，进行曲线绘制，线段会以 45°角（或其倍数）倾斜，如图 2-8 所示。

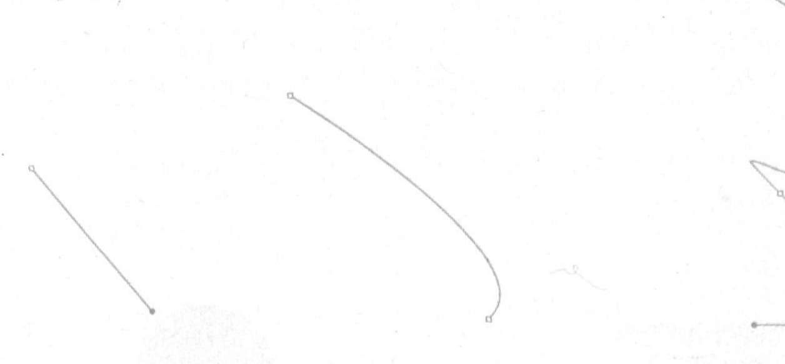

图 2-7　绘制曲线

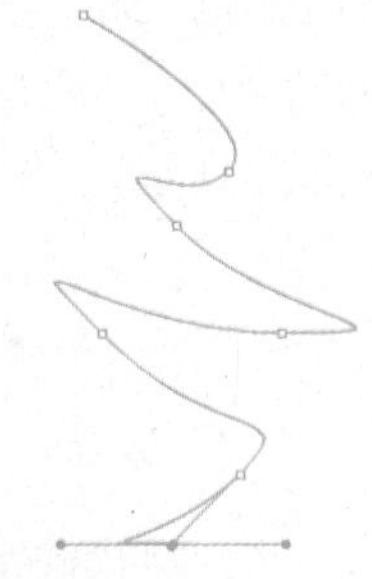

图 2-8　多种曲线

右击钢笔工具，会出现 4 种命令。

钢笔工具：绘制曲线。

添加锚点工具：当钢笔工具带加号时，在线段上单击就会增加一个锚点，这样可以更加细致地调节线段。

删除锚点工具：当钢笔工具带减号时，在线段上单击锚点就会删除这个锚点，这样就可以删除多余的锚点。

转换锚点工具：当钢笔工具变为时，在线段上单击锚点，就会将这个锚点从曲线锚点转换为直线锚点。

2. 在时间轴上设置帧

① 选择菜单“插入”→“时间轴”→“帧”命令，或按 F5 键，可以在时间轴上插入一个普通帧。

选择菜单“插入”→“时间轴”→“帧”命令，或按 F6 键，可以在时间轴上插入一个关键帧。

选择菜单“插入”→“时间轴”→“空白关键帧”命令，可以在时间轴上插入一个空白关键帧。

② 选择菜单“编辑”→“时间轴”→“选择所有帧”命令，可以选中时间轴上的所有帧。

单击要选的帧，帧颜色变为深色。

按住 Ctrl 键的同时，单击所要选择的帧，可以选择多个不连续的帧。

按住 Shift 键的同时，单击所要选择的帧，这两个帧中间的所有帧被选中。

③ 选中一个或多个帧，按住鼠标，移动到目标位置。如果在移动中按 Alt 键，会在目标位置上复制出所选的帧。

④ 鼠标右击所要删除的帧，在出现的菜单中选择“清除帧”。

选中所要删除的普通帧，按 Shift+F5 键，删除帧。选中所要删除的关键帧，按 Shift+F6 键，删除关键帧。

3. 引导层

（1）普通引导层

新建空白文档，在“时间轴”面板中，鼠标右击“图层 1”，在弹出的菜单中选择“引导层”命令，“图层 1”转化为引导层，如图 2-9 所示。

选择椭圆工具，在引导层的舞台上绘制出一个正圆形，如图 2-10 所示。

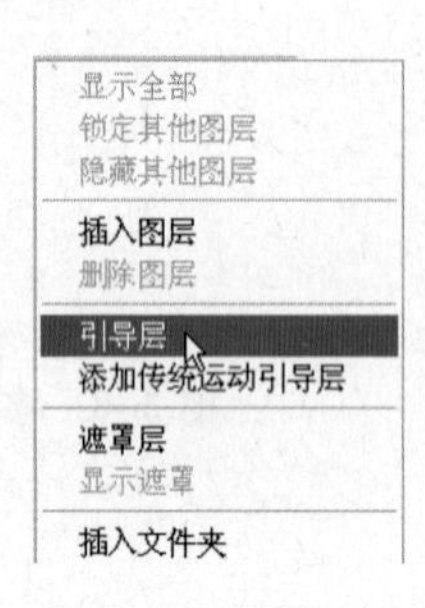

图 2-9　建引导层

图 2-10　绘制圆形

新建一个图层，选择矩形工具，在舞台上绘制矩形，如图 2-11 所示。

按 Ctrl+Enter 键，测试图形效果，正圆形消失，如图 2-12 所示。

图 2-11　绘制矩形

图 2-12　正圆形消失的效果

（2）运动引导层

运动引导层的作用是设置运动路径。它会使被引导的对象沿着路径运动，运动引导层上的路径在播放动画时不显示。

4. 补间动画

在 Flash 动画制作中补间动画分为两种：一种是形状补间动画，用于形状的动画；另一种是动作补间动画，用于图形及元件的动画。

形状补间动画：在 Flash 的时间轴面板上，在一个关键帧上绘制一个形状，然后在另一个关键帧上更改该形状或绘制另一个形状等，Flash 将自动根据两者之间的帧的值或形状来创建出动画，它可以实现两个图形之间颜色、形状、大小、位置的相互变化。构成形状补间动画的元素多为用鼠标或压感笔绘制出的形状，而不能是图形元件、按钮、文字等，如果要使用图形元件、按钮、文字，则必先打散（快捷键 Ctrl+B）后才可以做形状补间动画。

动作补间动画：在 Flash 的时间轴面板上，在一个关键帧上放置一个元件，然后在另一个关键帧改变这个元件的大小、颜色、位置、透明度等，Flash 将自动根据两者之间的帧的值创建出动画。构成动作补间动画的元素是元件，包括影片剪辑、图形元件、按钮、文字、位图、组合等，但不能是形状，只有把形状组合或者转换成元件后才可以做动作补间动画。

拓展训练——太阳落山

（1）选择钢笔工具，绘制山峦。选择该图层的第 30 帧，按 F5 键，使图像延续到第 30 帧。	 绘制出一个山的图形，复制一层，然后填充不同的灰色，前后排列。
（2）新建一个图层，重命名为“太阳。”单击菜单“文件”→“打开”命令，打开素材库，选择“太阳”元件导入库中。	
（3）右击“太阳”图层，在弹出的菜单上选择“________”命令，为“太阳”图层添加运动引导层。	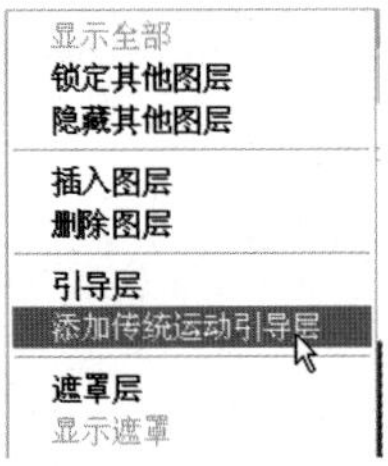
（4）选择铅笔工具，在舞台上绘制出一条由下到上的线。	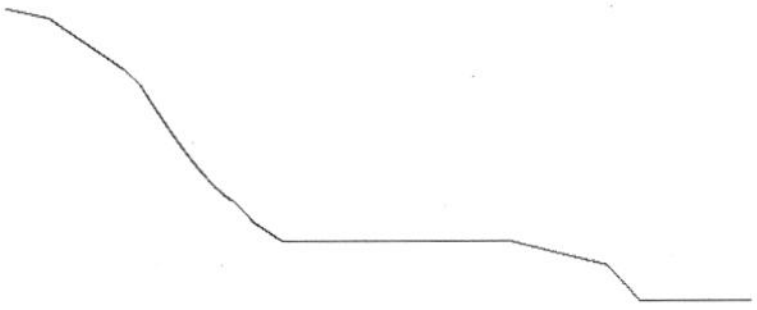
（5）选择“引导层”图层，在第 30 帧处按“________”，插入普通帧。	
（6）选择“太阳”图层，将“太阳”元件拖入舞台中，放置在线的左端点上。	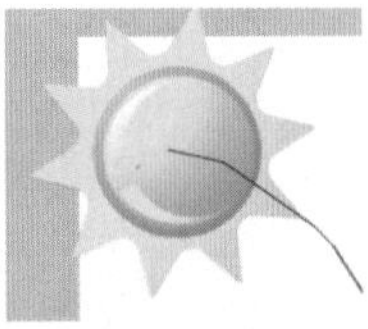
（7）在第 30 帧插入关键帧，将太阳拖到右边位置，适当缩小。	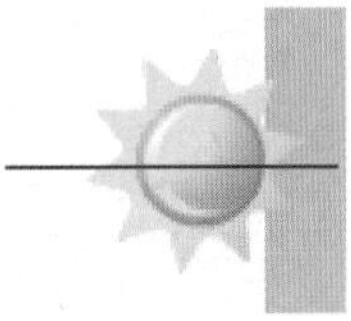

续表

<table>
<tr><td>（8）右击第一帧，在弹出的菜单中选择“________”命令。按 Enter 键，查看太阳沿线段由大变小的运动效果。</td><td>创建补间动画
创建补间形状
创建传统补间
插入帧
删除帧
插入关键帧
插入空白关键帧
清除关键帧
转换为关键帧
转换为空白关键帧
剪切帧
复制帧</td></tr>
<tr><td>（9）为了使动画自然流畅，将帧数改为 12。</td><td>12.00 fps 2.4 s</td></tr>
<tr><td>（10）按 Ctrl+Enter 键，测试动画效果。</td><td></td></tr>
</table>

项目3 网站片头制作

项目描述

1. 项目简介

本项目制作一个中职德育网网站片头，网站片头就好比是网站的序幕，通过片头的片花和音乐旋律，充分调动观者的意识，刺激观者的视听欲望，强化戏剧效果，从而增加网站的吸引力，吸引观众进入网站。由于 Flash 有丰富的表现性，非常适合片头动画的制作，近年来运用 Flash 制作的动画也层出不穷，因此本项目使用 Flash 制作常规的动画短片。

本项目分为 loading 条的制作、文本导入、人物走路的关键帧、影片剪辑的整合处理 4 个子任务，通过对这些子任务的制作学习，循序渐进，熟悉 Flash CS5 的动画制作步骤，运用关键帧和逐帧动画完成中职德育网网站片头动画的制作。

2. 项目要求

本项目分 4 个子任务来完成，其中每个任务有不同的学习要求。

① 制作 loading 条，学习使用影片剪辑元件“loading”。

② 文本导入，学习处理静态文本和动态文本的技术。

③ 逐帧动画，掌握人物走路动态。

④ 影片剪辑，制作成完整的影片。

3. 实现构想

本项目利用 Flash CS5 关键帧进行制作，学习者要先绘制和制作好 loading 条，根据素材提供的脚本实现 loading 条的脚本运行；理解文本属性操作和人物走路的逐帧动画与补间动画的联系，根据所提供的素材，整合网站片头动画，把握元件命名与图层分层对制作动画的重要作用。实现的效果如下：

任务一的实现构想是使用矩形工具、动态文本输入、动作脚本语言制作一个简单的 loading 条，效果如图 3-1 所示。

任务二的实现构想是使用动态文本、静态文本工具进行文本输入，利用任意变形工具和修改透明度等手段，制作文字的大小变化和透明度变化的特效，效果如图 3-2 所示。

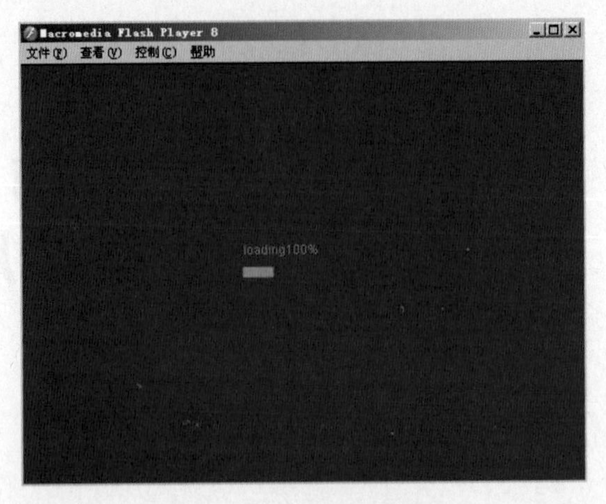

图 3-1　loading 条效果图

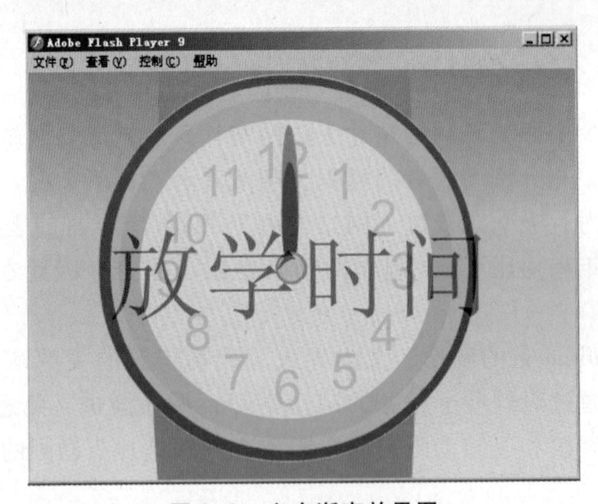

图 3-2　文字渐变效果图

任务三的实现构想是使用 Flash CS5 的逐帧动画，使学生根据人物走路动态完成人物走路的逐帧动画，效果如图 3-3 所示。

图 3-3　人物走路逐帧动画效果图

任务四的实现构想是使用 Flash CS5 完成动画制作的分层和元件的分组，并且对动画进行合成，效果如图 3-4 所示。

图 3-4　动画合成效果图

任务一——loading 条的制作

1. 设计目标

通过制作 loading 条动画，学会使用矩形工具、动态文本的输入、动作脚本运用，掌握制作 loading 条操作方法。

2. 设计思路

① 利用矩形工具绘制。
② 动态文本输入。
③ 动作脚本运用。

3. 操作步骤

（1）运行 Flash CS5，新建一个 Flash 空白文档。单击菜单“修改”→“文档”命令，打开“文档设置”对话框。将“尺寸”设置为 550 像素×400 像素，将“帧频”设置为 30，设置完成后单击“确定”按钮。	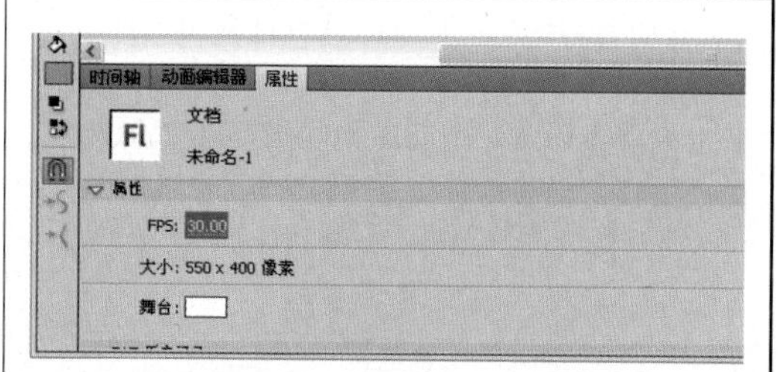 把帧频设置为 30 帧是为了使网站片头动画播放更加流畅，节奏感更强。
（2）把光盘中项目 3 的“3.1 背景”素材文件导入舞台中。	

续表

(3) 新建影片剪辑元件“loading”，使用矩形工具 设置边框颜色为无，填充色为黄色，在编辑区域中绘制出一个宽为 100 像素，高为 10 像素的矩形。在时间轴上的第 100 帧处插入帧。	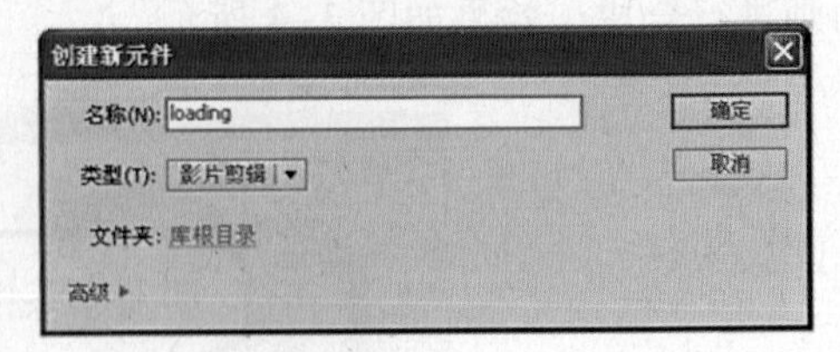 矩形工具的快捷键为“R”。Flash CS5 新增“端点”和“接合”选项，更加方便用户对矩形工具进行设置。
(4) 新建一个“图层 2”，复制“图层 1”的矩形框并粘贴到“图层 2”的第一帧中，在“图层 2”第 100 帧处插入关键帧。	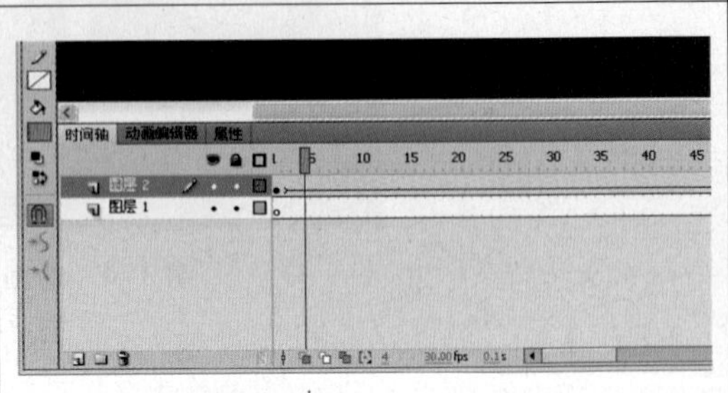 复制快捷键 Ctrl+C。 粘贴快捷键 Ctrl+V。
(5) 选中“图层 2”图层，将矩形剪切并粘贴到“图层 2”的第一帧中，并在第 100 帧处插入关键帧。	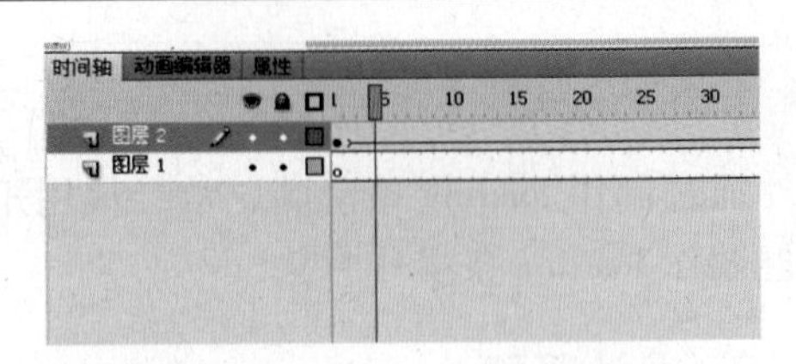 剪切快捷键 Ctrl+X。
(6) 回到场景 1，新建一个图层“loading”，在第一帧处插入关键帧，把库中的影片剪辑“loading”拖到舞台上。	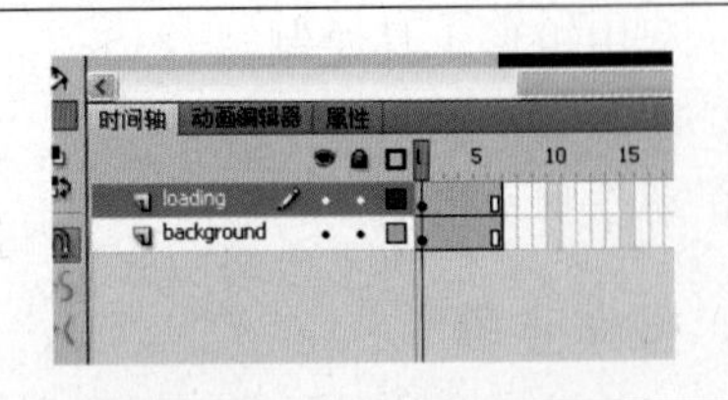
(7) 选择文本工具，在属性面板上的下拉菜单列表中选择“动态文本”，在 loading 条上方单击创建一个动态文本框，在“属性”的“选项”面板中将变量名设置为“loadtxt”。	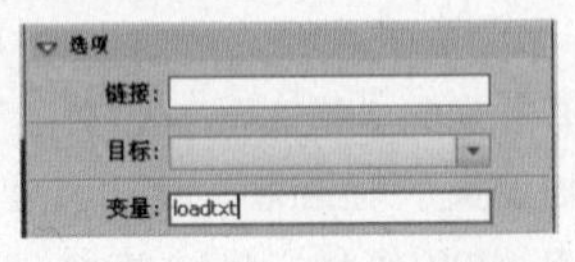 动态文本就是可以动态更新的文本，如体育得分、股票报价等，它是根据情况动态改变的文本，常用在游戏和课件作品中，用来实时显示操作运行的状态。
(8) 新建一个“play”层，选中第一帧，在“属性”面板中将帧标签“名称”设置为“play”。	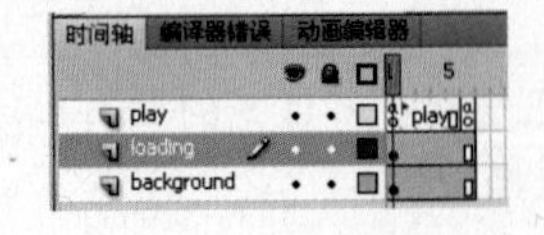

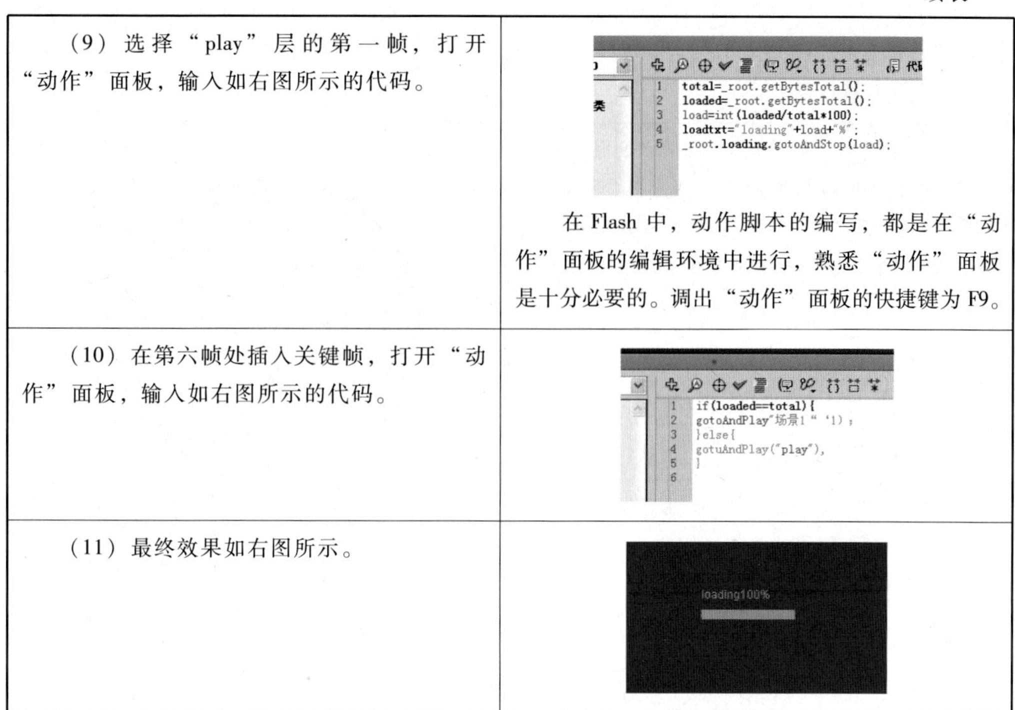

（9）选择“play”层的第一帧，打开“动作”面板，输入如右图所示的代码。	在Flash中，动作脚本的编写，都是在“动作”面板的编辑环境中进行，熟悉“动作”面板是十分必要的。调出“动作”面板的快捷键为F9。
（10）在第六帧处插入关键帧，打开“动作”面板，输入如右图所示的代码。	
（11）最终效果如右图所示。	

任务二——文本导入

1. 设计目标

通过文本导入，使学生掌握动态文本、静态文本的区别，利用变形工具和透明度面板，达到文本的形态和透明度变化。

2. 设计思路

① 动态文本和静态文本。

② 利用变形工具使文本做大小动态变化。

③ 利用透明度的变化做文本透明度动态变化。

3. 操作步骤

（1）运行Flash CS5，新建一个Flash空白文档。选择“修改→文档”命令，打开“文档设置”对话框。将“尺寸”设置为550像素×400像素，将“帧频”设置为20，设置完成后单击“确定”按钮。	

<table>
<tr>
<td>（2）把光盘中项目 3 的“3.2 素材 . fla”素材文件导入舞台中。</td>
<td></td>
</tr>
<tr>
<td>（3）新建影片剪辑元件“时钟”，使用椭圆工具设置边框颜色为黑色，填充色为绿色，单击“对象绘制”，在编辑区域中分别绘出 500×500 像素、450×450 像素和 440×440 像素的正圆。</td>
<td>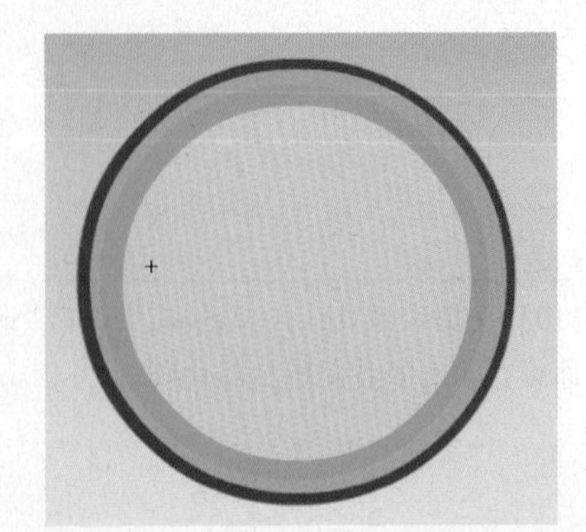
椭圆工具是绘制圆形或椭圆形并完成填色的工具。按住鼠标左键并拖动的同时按下 Shift 键，可以绘制正圆，在绘制前或绘制后选取圆形或椭圆形，都可以在属性面板中直接设置其线条颜色、粗细和样式等属性。</td>
</tr>
<tr>
<td>（4）选择 3 个正圆，在“窗口”→“对齐”面板中调出对齐面板，选择“相对于舞台”，单击“水平中齐”和“垂直中齐”，在时间轴上的第 120 帧处插入帧。</td>
<td>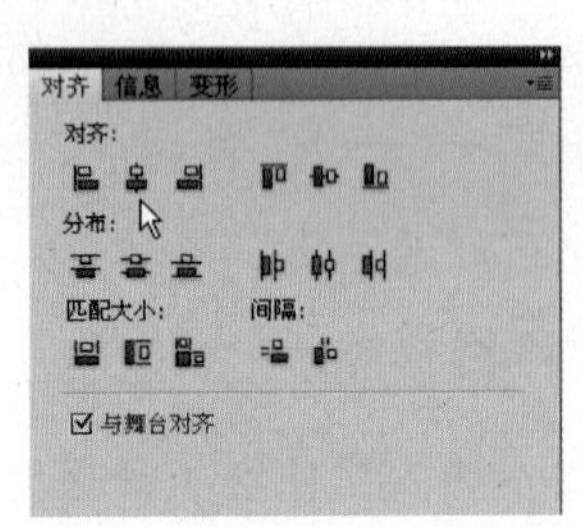

单击“对齐”面板中“相对于舞台”区域中的“对齐/相对舞台分布”按钮，可使对象以舞台为标准，进行对象的对齐与分布设置；如果取消该按钮的选中状态，则以选择的对象为标准进行对象的对齐与分布。</td>
</tr>
<tr>
<td>（5）单击文本工具选择“静态文本”、“黑体”、用 83 号字体分别写出 1～12 点的数字。</td>
<td>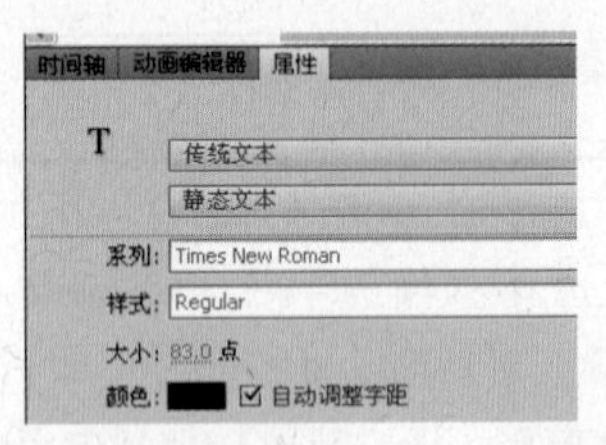

静态文本不能用代码创建，只能在设计时用文本工具创建，即程序运行过程中不能改变里面的文字内容。</td>
</tr>
</table>

（6）分别选择数字 9 和数字 3 作水平中齐；选择数字 12 和数字 6 作垂直中齐。	
（7）用椭圆工具分别绘出时针和分针和转轴轴心。把时针和分针分别转换为元件“时针”、“分针”。用任意变形工具，单击分针，把分针的旋转轴心由中点移至底部。	
（8）每二十帧插入一个关键帧，使分针如真实时钟一样一分钟一分钟地转至十二点。	

(9) 回到主场景，新建“图层 1”，把刚才做的时钟元件拖至第一帧，在第 75 帧处插入关键帧。	
(10) 新建“图层 2”，在 50 帧处插入关键帧，选择文本工具，在属性面板中，选择静态文本，填充颜色为深紫色，文本字体为“幼圆”，字体大小为 96 点。然后输入“放学时间”，选择“放学时间”，单击选择“转为元件”，元件名称为“字幕-放学时间”，类型为“图形”。	
(11) 在主场景中“图层 2”第 75 帧插入关键帧，回到 50 帧处，利用任意变形工具，缩小“放学时间”，并降低其透明度。在 50 帧和 75 帧之间创建补间动画。	
(12) 按 Ctrl+Enter 键测试动画。	

任务三——人物走路的关键帧

1. 设计目标

通过示范和观摩，使学生掌握人物走路动态的关键帧，利用 Flash CS5 的逐帧动画和补间动画功能制作人物走路的关键帧动画。

2. 设计思路

① 调整前后手脚的图层关系。
② 调整人物走路的关键帧。
③ 完成关键帧之间的补间动画。

3. 操作步骤

（1）运行 Flash CS5，新建一个 Flash 空白文档。选择“修改→文档”命令，打开“文档设置”对话框。将“尺寸”设置为 550 像素×400 像素，将“帧频”设置为 20，设置完成后单击“确定”按钮。	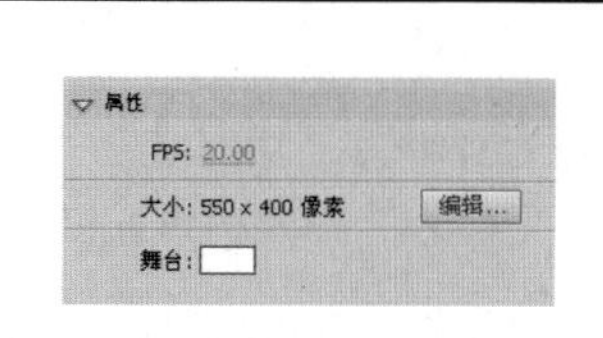
（2）把光盘中项目 3 的“3.3 人物素材 . fla”素材文件导入库中，得到如右图所示的元件。	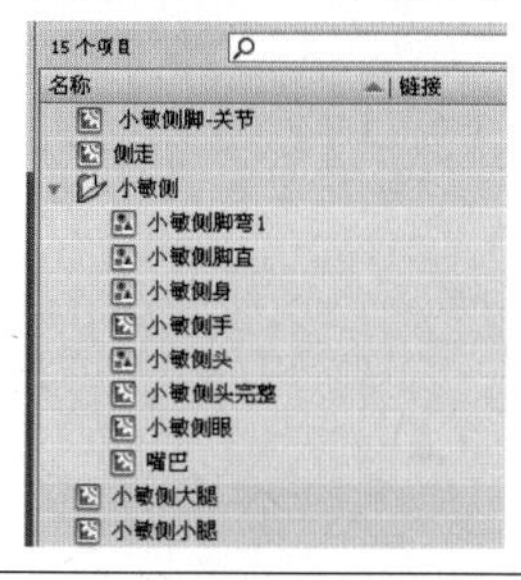
（3）新建图层“头”、“左手”、“身体”、“右手”、“左脚 1”、“左脚 2”、“右脚 1”、“右脚 2”，分别把小敏的身体元件放在各命名的图层第一帧。注意小敏左右脚和左右手的图层层次问题和高低错落的细节。	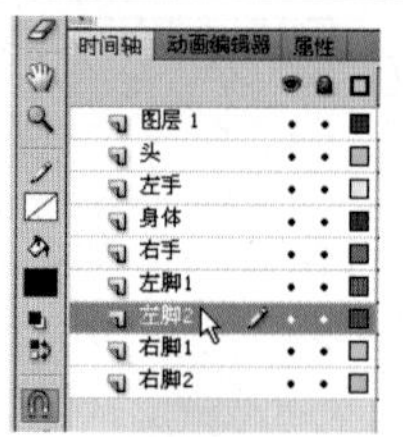
（4）在第 20 帧插入关键帧，让小敏的走路姿态保持第一帧和第二十帧动态一致，使得小敏做完一个走路循环，重新回到第一帧的时候，衔接得更加自然，不会跳帧。	

（5）在小敏的“头”、“左手”、“右手”等的部件图层的第十帧分别插入关键帧。调节小敏走路循环的补间动画关键帧。注意整体的高低变化和手脚的协调关系。	
（6）在“身体”、“左脚 1”、“左脚 2”、“右脚 1”、“右脚 2”图层的第五帧分别插入关键帧。	
（7）在“身体”、“左脚 1”、“左脚 2”、“右脚 1”、“右脚 2”图层第十五帧分别插入关键帧。	

<table>
<tr><td>（8）选择所有图层的第一帧～第 25 帧，单击选择创建补间动画，按 Ctrl+Enter 键测试动画。</td><td>
</td></tr>
<tr><td></td><td></td></tr>
</table>

任务四——影片剪辑的整合处理

1. 设计目标

通过对影片的制作和剪辑，掌握镜头的运用，其中包括远景、中景、近景、特写的运用。学习影片的整体剪辑和整合处理。

2. 设计思路

① 制作片头动画。
② 调整动画细节和特效。
③ 完成动画影片剪辑的整合处理。

3. 操作步骤

（1）运行 Flash CS5，新建一个 Flash 空白文档。选择“修改”→“文档”命令，打开“文档设置”对话框。将“尺寸”设置为 550 像素×400 像素，将“帧频”设置为 20，设置完成后单击“确定”按钮。	
（2）把光盘中项目 3 的“3.4 制作素材.fla”素材文件导入舞台中，得到如右图所示的素材。	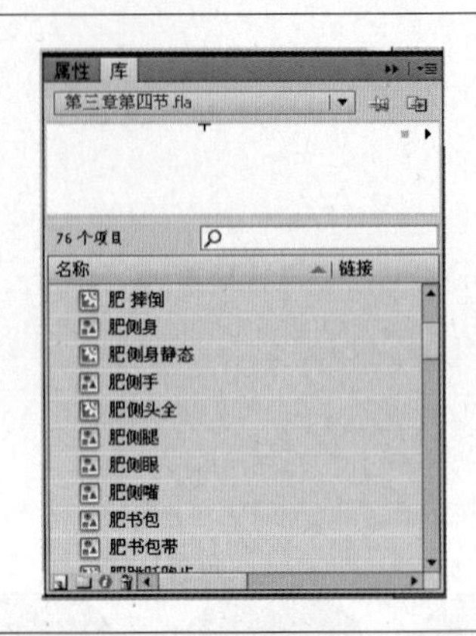
（3）新建影片图形元件“天空”，在“图层 1”中用矩形工具绘制一个比舞台大的方块，用“#CBF3F8”和“#71AFEC”两种蓝色组合的线性渐变填充矩形，使矩形形成上浅下深的天空渐变色。	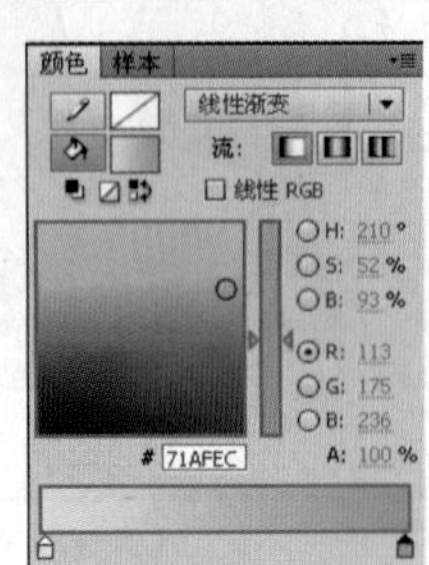
（4）使用钢笔工具设置边框颜色为 80% 黑色，填充色为白色，单击“对象绘制”，在编辑区域中绘出白云，并单击选择“转换为元件”，命名为“白云”。	
（5）新建“图层 3”，在第 10 帧处插入关键帧，拖拽“白云”元件到相应位置。	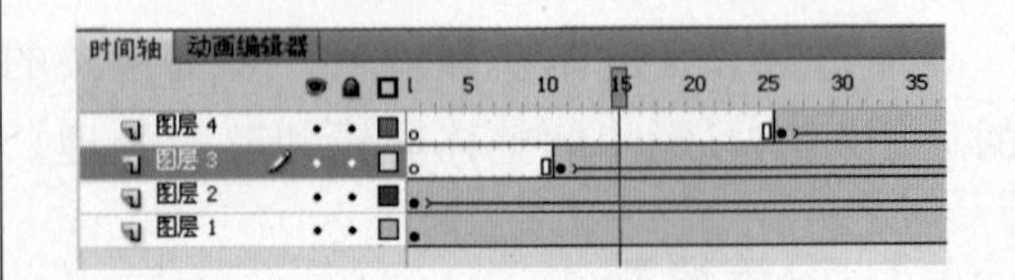
（6）新建“图层 4”，在第 25 帧处插入关键帧，拖拽“白云”元件到相应位置，并降低“白云”的透明度。	

（7）在“图层4”的第83帧处插入关键帧，调整白云从右到左的运动位置，在第120帧处插入空白关键帧；在“图层3”的第105帧处插入关键帧，调整白云从右到左的运动位置，在第120帧处插入空白关键帧；在“图层2”的第80帧处插入关键帧，调整白云从右到左的运动位置；在“图层1”的第120帧处插入关键帧。	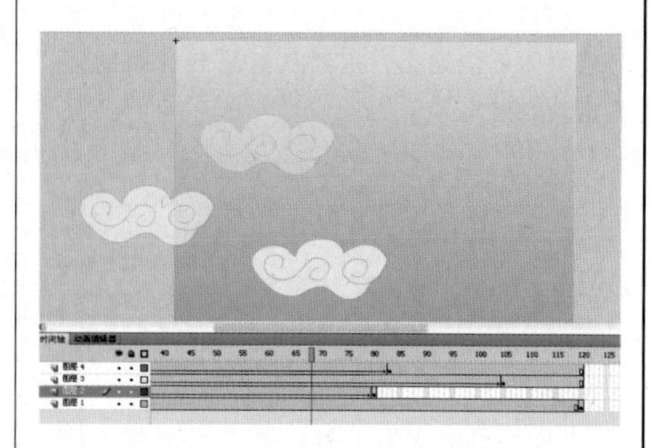
（8）回到主场景，新建“图层2”，把元件“天空”拖到第1帧处，在第20帧处插入关键帧。	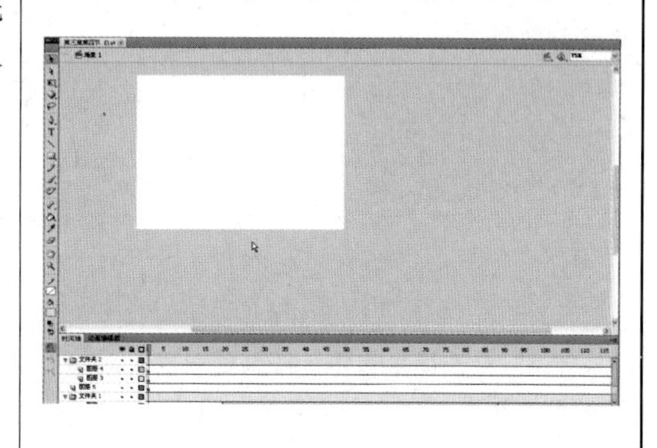
（9）回到第1帧，降低“天空”透明度，在第1帧和第20帧之间创建补间动画。	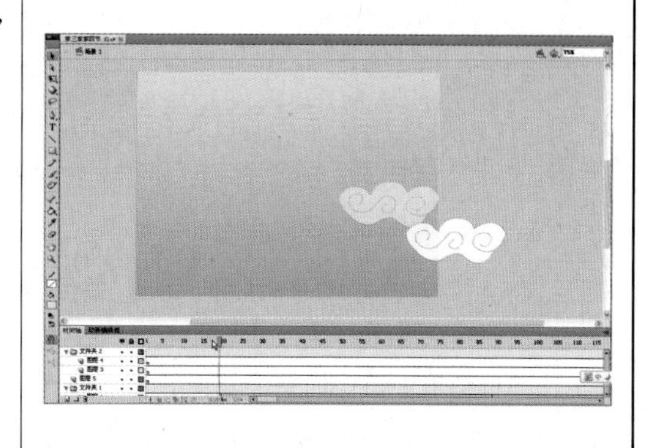
（10）新建图层文件夹“场景”，把“图层2”拖到“场景”文件夹里面。选择“场景”文件夹，单击新建“图层1”，在第20帧处插入关键帧，把“库”中的素材元件“学校”拖到场景右边。	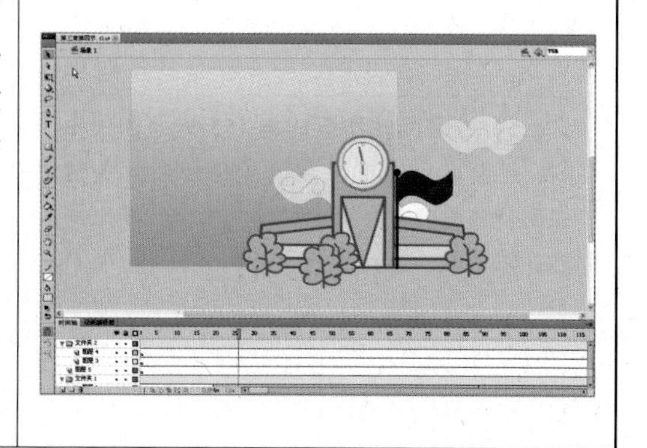

<table>
<tr><td>（11）利用变形工具，按住 Shift 键，把场景物体等倍缩小，达到从近景到远景的镜头运动效果。</td><td>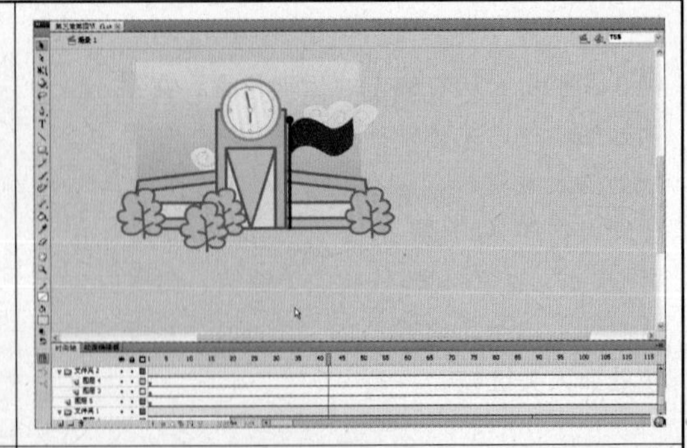</td></tr>
<tr><td>（12）利用变形工具，按住 Shift 键，把场景物体等倍放大，达到从远景到近景的镜头运动效果。</td><td></td></tr>
<tr><td>（13）全选场景物体，调整透明度，做场景转换效果。</td><td>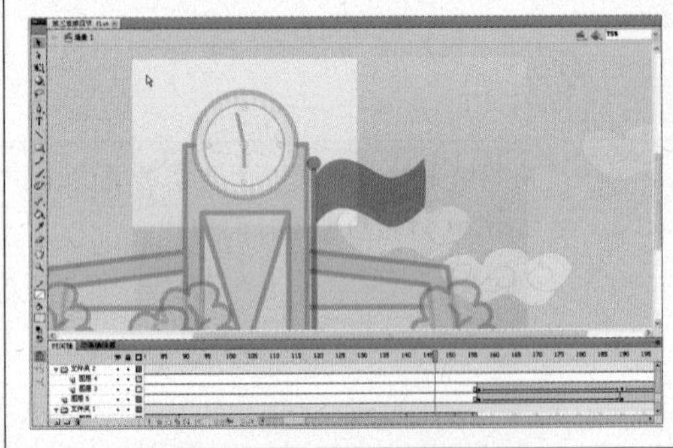</td></tr>
<tr><td>（14）特写校园教学楼的大钟，新建元件“铛铛声”，输入文本“铛”字，左右旋转文字，使其更富节奏感。回到主场景，把元件“铛铛声”拖至主场景，复制多个元件，使得情节更生动。</td><td>
</td></tr>
<tr><td>（15）在场景转换层的第 155 帧处插入关键帧，绘制白色矩形，在第 190 处插入关键帧并调节透明度，在第 155 帧和第 190 帧之间创建补间动画，达到转场效果。</td><td>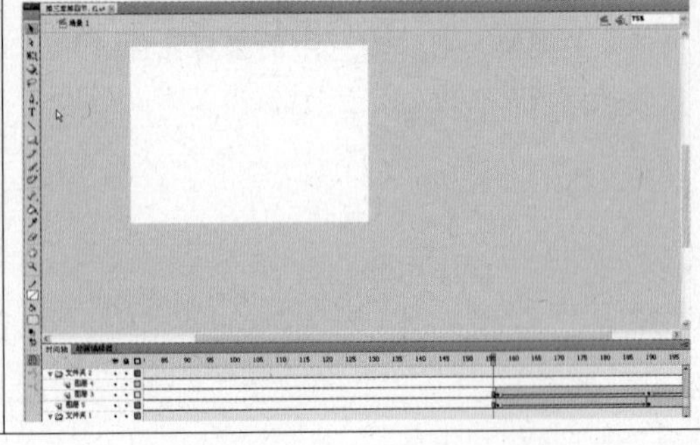</td></tr>
</table>

（16）在场景层的第200帧处插入关键帧，把“天空”和“学校”元件拖到主场景。新建图层“小胖”，在第200帧处插入关键帧，把库中的素材元件“小胖正面走路”拖到主场景，利用“任意变形工具”调整“小胖”的大小。	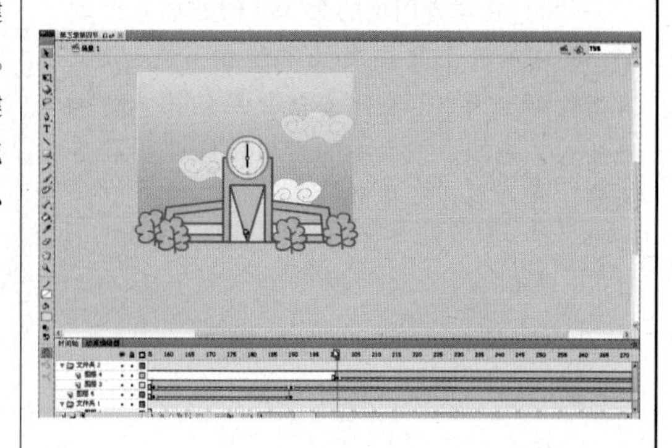
（17）在“小胖”层的第360帧处插入关键帧，把“小胖”等比缩放到头部满屏，在第200帧～第360帧之间创建补间动画，达到从远景到头部特写的效果。	
（18）在场景的第360帧处插入关键帧，把学校拖到舞台底部，在第200帧～第360帧之间创建补间动画，达到烘托小胖从远到近的物理透视原理。	
（19）在场景转换层的第361帧处插入关键帧，绘制白色矩形，达到转场效果。	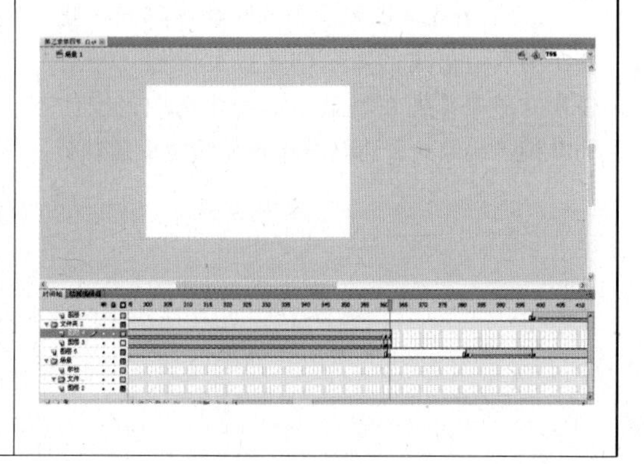

（20）在场景图层的第380帧处插入关键帧，利用钢笔工具在场景中绘制灰色地面、天蓝色渐变天空。在“小胖”层的第380帧处插入关键帧，把库中的素材元件“小胖走路侧”和“薯片”拖至场景。	
（21）新建“场景层2”，把库中的素材元件“树丛”拖到场景中，创建补间动画，使得小胖慢速从左到右移动，“树丛”快速从右到左移动，达到视觉差效果。	
（22）在“场景层1”的第463帧处插入关键帧，把库中的素材元件“石头”拖到场景中。	
（23）在第555帧、第600帧和第650帧处在场景中出现的图层都插入关键帧，利用任意变形工具把在场景中的物体选中，按住Shift键等比缩放，达到石头特写的镜头运动。	

（24）在“小胖”层的第585帧处插入关键帧，在第586帧处插入关键帧，删除元件“小胖走路侧”。	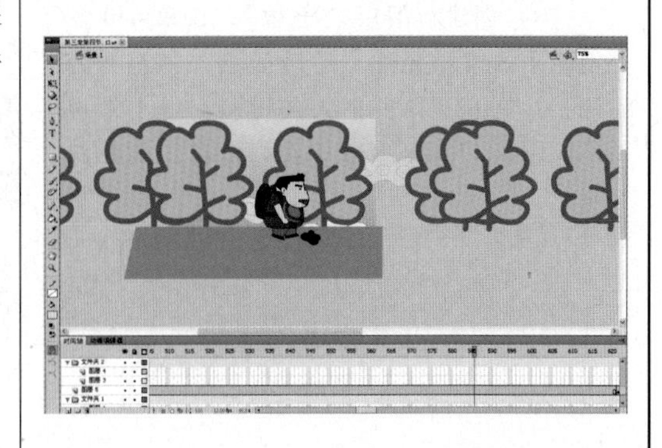
（25）将库中的素材元件“小胖摔倒”拖到第586帧处。	
（26）选中所有在场景物体，在各层第600帧处分别插入关键帧，把所有元件往左拖动，在第586帧～第600帧之间创建补间动画。	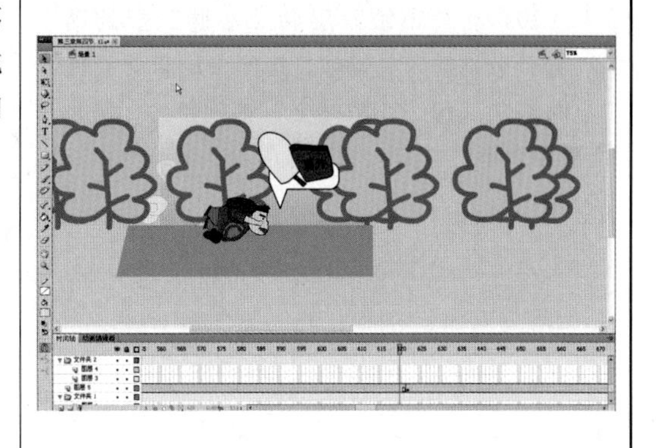
（27）在“薯片”层的第605帧和第615帧处插入关键帧，创建如右图所示的对话框分裂的动画效果。	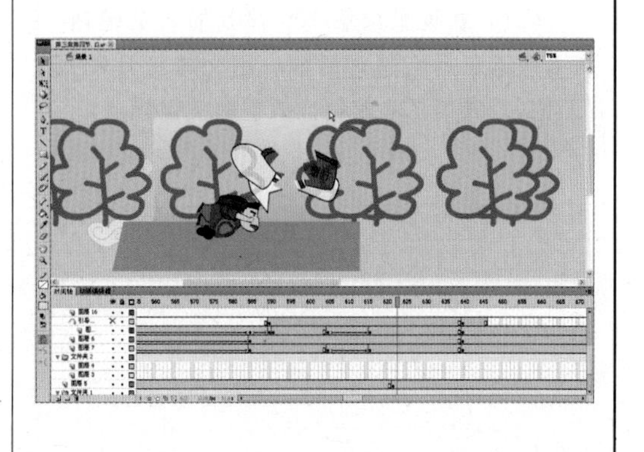

(28) 创建新图层“小敏”，在第640帧处把库中的素材元件“小敏侧走”拖至舞台右侧，在第685帧处插入关键帧，把小敏拖至小胖跟前，创建小敏从右到左移动的补间动画。	
(29) 在第686帧处插入关键帧，删除元件“小敏侧走”，把库中的素材元件“小敏蹲下”拖到小胖跟前，在第690帧处插入空白关键帧。	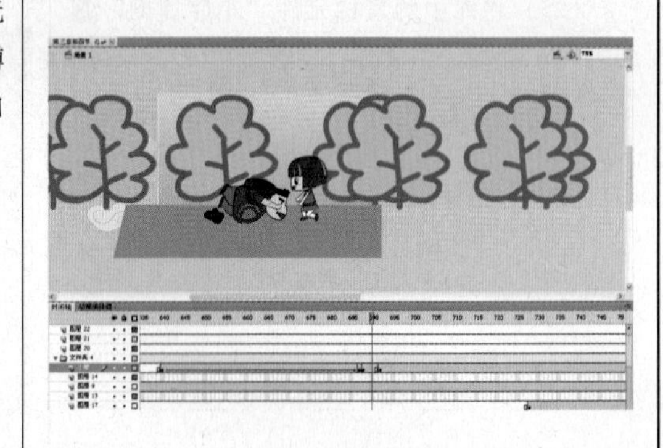
(30) 在“小敏”层和“小胖”层的第691帧处分别插入关键帧，把库中的素材元件“小胖站立”和“小敏站立”拖到舞台，调整位置和大小。	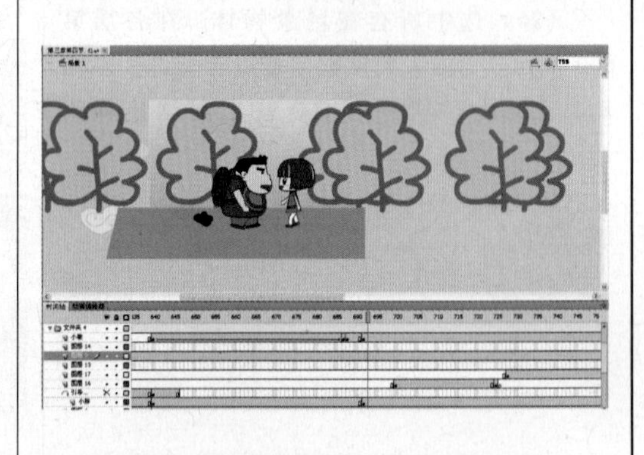
(31) 在场景层第700帧处插入关键帧，利用钢笔工具绘制对话框，用文本工具输入“谢谢”。在第724帧处插入空白关键帧。	

（32）在第727帧处插入关键帧，绘制对话框，输入文字“朋友应该相互帮助的，哈哈”。在第770帧处把每个需要出现的层插入空白关键帧。	
（33）在场景转换层的第771帧处插入关键帧，绘制白色矩形。	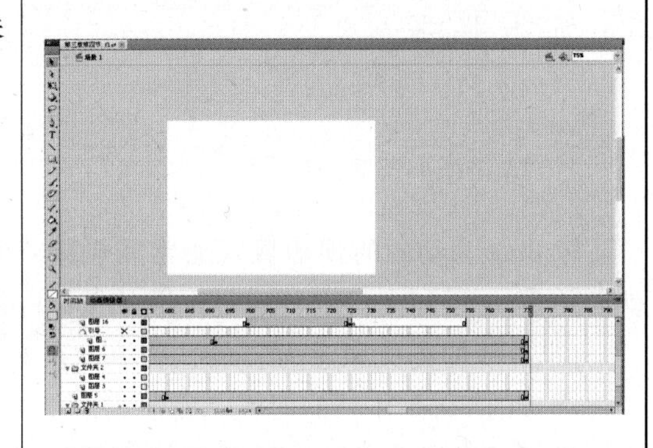
（34）新建字幕层，在第771帧处用文本工具输入“END”，并转换为元件，命名为“end”。	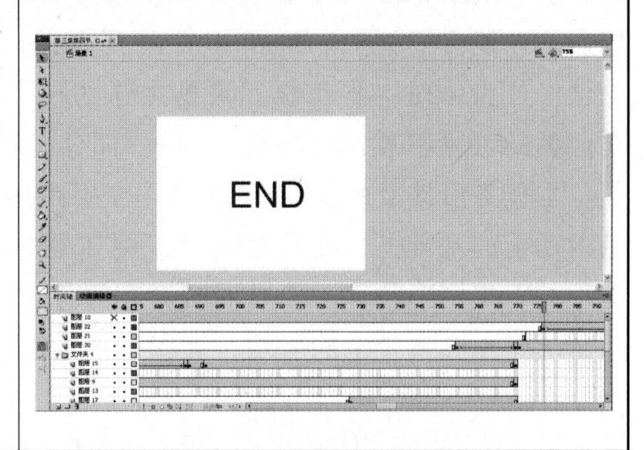
（35）在第797帧处插入关键帧，用任意变形工具把元件“end”放大，并降低透明度。	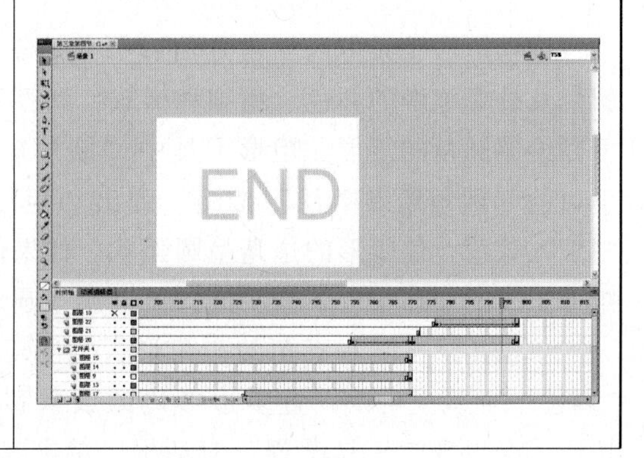

续表

(36) 在第771帧和第797帧之间创建补间动画。	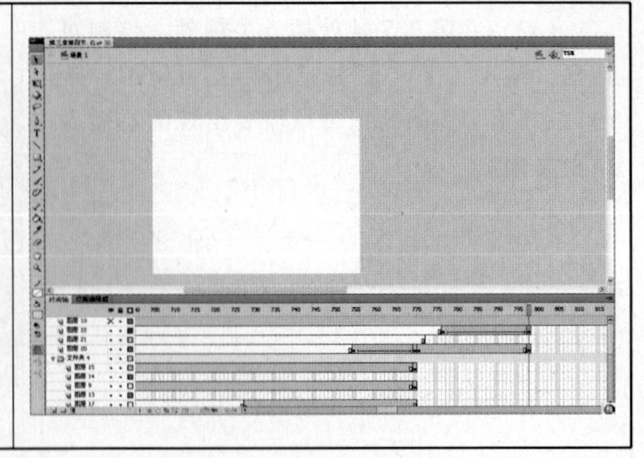

知识要点

1. loading条简介

loading为动画的预加载，通常动画要在网络上完全加载完成以后再播放。这样就要使用as语句来设定，通过加载帧loadFrame和加载字节等语句来完成。

Loading的英文原意为装载、装填，在Flash里面也称为预载画面。我们在欣赏每一件完整的Flash作品的时候，都会看到loading的出现。这是因为，动画播放是否流畅取决于网络宽带，对于用调节解压器的时候，loading会预先加载一部分或者全部以后，才能流畅播放。loading发展到现在已经不是简单的一个下载动画的工具了。它已经成为体现主体动画，衬托主体的一个载体。loading分为两大部分，一部分是功能类的（指下载作用功能），另一部分是等待动画。

本任务所涉及的loading条制作主要是用以等待动画，这种loading可以在完成其基本功能的基础上，提升趣味性，例如把loading条传统的简单矩形变成有图案或者花纹的不规则形状等，使得观赏者在等待过程中感觉时间过得更快一些。这种loading条解决了由宽带带来的麻烦，有很广阔的创作空间。

2. 矩形工具的使用

拖动矩形工具可以创建方角或圆角的矩形。在“属性”面板里可以设定填充的颜色及外框笔触的颜色、粗细和样式，和直线工具的属性设置一样。利用矩形工具还可以绘制圆角的矩形。矩形工具中“圆角矩形”的角度可以这样设定：单击工具栏下边的“圆角矩形半径”按钮，弹出“矩形设置”对话框。在其中的“边角半径”中填入数值，使矩形的边角呈圆弧状。如果值为零，则创建的是方角。在舞台上拖动矩形工具时按住上、下箭头键，可以调整圆角半径。

单击矩形工具右下角的三角形，会出现多角星形工具。单击多角星形工具，在“属性”面板里可以设置多边形边的数量和形状。在“属性”面板中单击“选项”按钮，会出现“工具设置”对话框。单击其中的“样式”下拉菜单，可以选择多边形和星形，并可以在“工具设置”对话框中定义多边形的边数，数值为3～32。

3. 文本工具

在制作Flash作品时，常会需要用文本工具来创建各种文本，单击工具箱中的文本工具，或直接按键盘上的T键，就可选中文本工具，“属性”面板就会出现相应的文本工具的属性。

Flash CS5中的文本形式有3种，即静态文本、动态文本和输入文本。在Flash电影中，所有动态文本字段和输入文本字段都是TextField类的实例。可以在属性检查器中为文本字段指定一个实例名称，然后在动作脚本中使用TextField类的方法和属性对文本字段进行操作，如透明度、是否运用背景填充等。

就像影片剪辑实例一样，文本字段实例也是具有属性和方法的动作脚本对象。通过为文本字段指定实例名称，就可以在动作脚本语句中通过实例名来设置、改变和格式化文本框和它的内容。不过，与影片剪辑不同，不能在文本实例中编写动作脚本代码，因为它们没有时间轴。

4. 动态文本的输入

用文本工具在场景中拖出一个文本框，选中该文本框，在“属性”面板中选择“动态文本”。在“属性”面板中还可以进一步设置动态文本的属性参数。在“实例名称”文本框中可以定义动态文本对象的实例名。可以在文本显示类型下拉列表中选择“单行”还是“多行”显示文本。“可选”按钮决定了是否可以对动态文本框中的文本执行选择、复制、剪切等操作，按下表示可选。“将文本浮现为HTML”按钮决定了动态文本框中的文本是否可以使用HTML格式，即使用HTML语言为文本设置格式。“在文本四周显示边框”按钮决定了是否在动态文本框四周显示边框。在“变量”后面的文本框中可以定义动态文本的变量名，用这个变量可以改变动态文本框中显示的内容。

5. “对齐”面板

本节里面除了文本工具以外，还涉及“对齐”面板的运用，要将舞台中的对象精确地对齐，可以使用“对齐”面板中的各项功能进行排列对象操作；要将舞台中的多个对象组合在一起以便于整体操作，可以使用组合对象的方法；分离对象操作不仅可以将组合对象拆散为单个对象，也可以将对象打散成像素点以便编辑。

在Flash CS5中，要对多个对象进行对齐与分布操作，可使用“修改”→“对齐”菜单中的命令或在“对齐”面板中完成操作。

在进行对象的对齐与分布操作时，可以选择多个对象后，执行下列操作之一：

① 单击“对齐”面板中“对齐”选项区域中的“左对齐”、“水平中齐”、“右对齐”、“上对齐”、“垂直中齐”和“底对齐”按钮，可设置对象的对齐方式。

② 单击“对齐”面板中“分布”选项区域中的“顶部分布”、“垂直居中分布”、“底部分布”、“左侧分布”、“水平居中分布”和“右侧分布”按钮，可设置对象的不同分布方式。

③ 单击“对齐”面板中“匹配大小”区域中的“匹配宽度”按钮，可使所有选

中的对象与其中最宽的对象宽度相匹配；单击“匹配高度”按钮，可使所有选中的对象与其中最高的对象高度相匹配；单击“匹配宽和高”按钮，可使所有选中的对象与其中最宽对象的宽度和最高对象的高度相匹配。

④ 单击“对齐”面板中“间隔”区域中的“垂直平均间隔”和“水平平均间隔”按钮，可使对象在垂直方向或水平方向上等间距分布。

⑤ 单击“对齐”面板中“相对于舞台”区域中的“对齐/相对舞台分布”按钮，可使对象以舞台为标准，进行对象的对齐与分布设置；如果取消该按钮的选中状态，则以选择的对象为标准进行对象的对齐与分布。

6. 角色走动的实现

角色的走动是 Flash 动画中常见的场景，也是 Flash 动画制作应该掌握的一项基本内容，Flash 动画中实现角色走动的 3 种方式有：补间动画、ActionScript 和逐帧动画。本项目介绍的是补间动画与逐帧动画相结合的实现方式。

而基本的补间动画人物行走就是先建立一个人物角色，比如火柴棍小人，然后利用逐帧动画原理制作一个人物原地走的影片剪辑，放到舞台上，在另外地方插入关键帧，之后两个关键帧之间做补间动画。

在本项目中，人物行走的动态变化也需要好好的研究和学习，这里简略介绍一下相关内容：

（1）人的走路动作的基本规律

人走路时的基本规律是：左右两脚交替向前，为了求得平衡，当左脚向前迈步时左手向后摆动，右脚向前迈步时右手向后摆动。在走的过程中，头的高低形成波浪式运动，当脚迈开时头的位置略低，当一脚直立另一脚提起将要迈出时，头的位置略高。

（2）人走路的速度节奏变化

人走路的速度节奏变化也会产生不同的效果。如描写较轻的走路动作是“两头慢中间快”，即当脚离地或落地时速度慢，中间过程的速度要快；描写步伐沉重的效果则是“两头快中间慢”，即当脚离地或落地时速度快，中间过程速度慢。

7. 复杂动作的实现

在 Flash 动画尤其是短片的制作中或多或少都要表现一些较复杂的动作，而 Flash 本身功能的限制使得在制作动画时受到牵制，或者为此付出过多的时间和精力。Flash 动画短片常用到的手法主要包括逐帧动画表现方法技巧，以及充分利用 Flash 的变形功能制作动画的表现技巧。

逐帧动画表现方法和技巧：逐帧动画是常用的动画表现形式，也就是一帧一帧地将动作的每个细节都画出来。显然，这是一份很吃力的工作，但是使用一些小的技巧能够减少一定的工作量。这些技巧包括：简化主体、循环法、节选渐变法、替代法、临摹法、再加工法、遮蔽法等。

动作主体的简单与否对制作的工作量有很大的影响，善于将动作的主体简化，可以成倍提高工作的效率。一个最明显的例子就是小小的“火柴人”功夫系列，动画的主体相当简化，以这样的主体来制作以动作为主的影片，即使用完全逐帧制作的方法，工作量也是可以承受的。试想，用一个逼真的人的形象作为动作主体来制作这样的动画，工作量就会增加很多。

对于不是以动作为主要表现对象的动画，画面简单也是省力良方。所以在制作动画短片和动画短片合成的时候应考虑各方面的因素，以达到事半功倍的效果。

拓展训练

题目：运用素材中的船和配乐，制作一分钟的“向胜利航行”短片。

题目分析：一分钟的船只行驶，看似很简单的题目，但可以发挥的空间很大。一艘船从左到右水平行驶一分钟，还是在这一分钟内通过不同的镜头转换，通过背景的变化和转换来烘托船只的行驶呢，这些都是对学生的生活观察和镜头运动积累的一个考验。

<table>
<tr><td>（1）运行 Flash CS5，新建一个 Flash 空白文档。“修改→文档”命令，打开________对话框。将“尺寸”设置为 550 像素×400 像素，将“帧频”设置为________，设置完成后单击“确定”按钮。</td><td>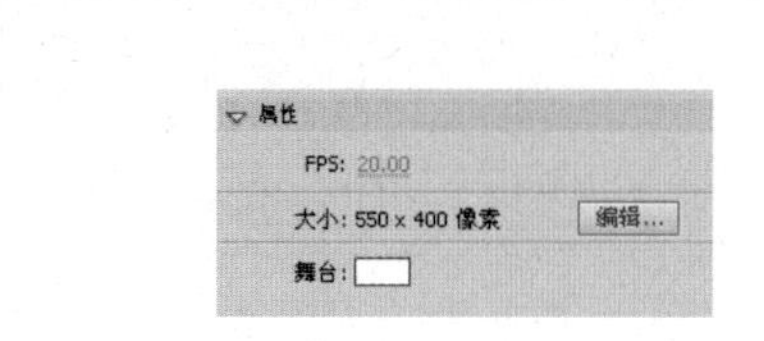
</td></tr>
<tr><td>（2）把光盘中项目 3 的“3.4 拓展训练素材 . fla”素材文件导入舞台中，得到右图所示的素材。</td><td>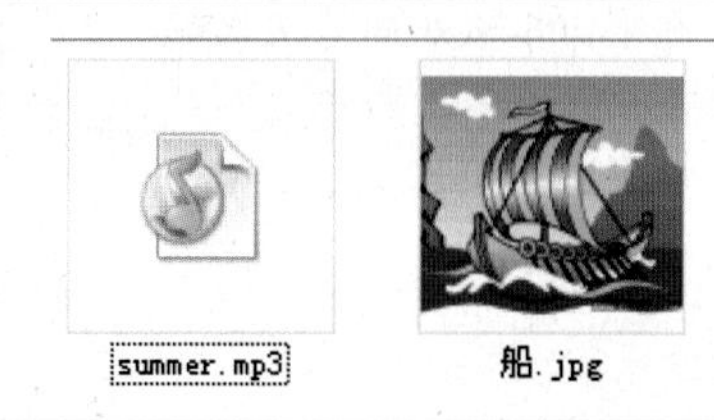
</td></tr>
<tr><td>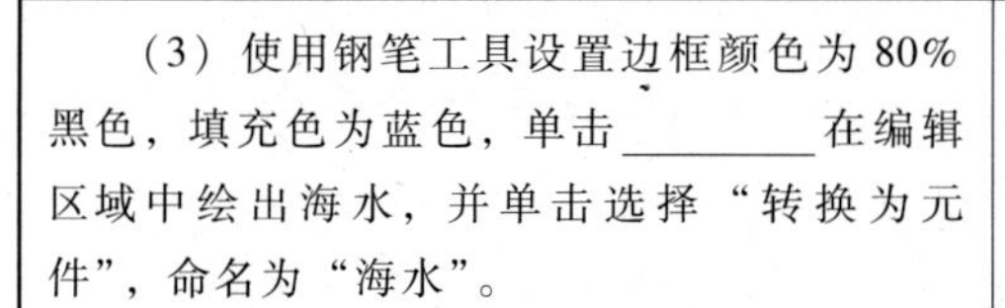
（3）使用钢笔工具设置边框颜色为 80% 黑色，填充色为蓝色，单击________在编辑区域中绘出海水，并单击选择“转换为元件”，命名为“海水”。</td><td>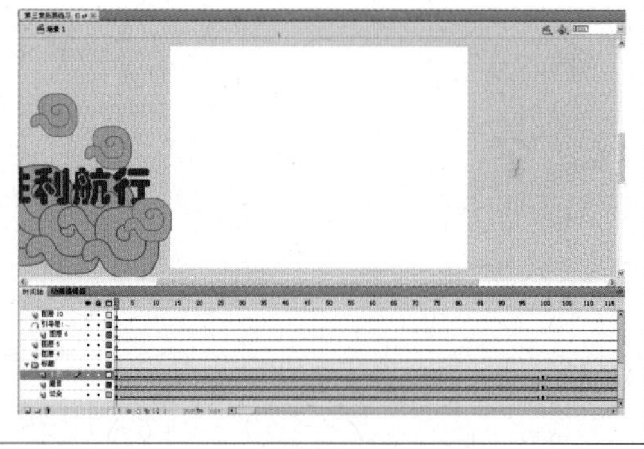</td></tr>
<tr><td>（4）新建________，把素材库里面的元件拉到舞台________。</td><td>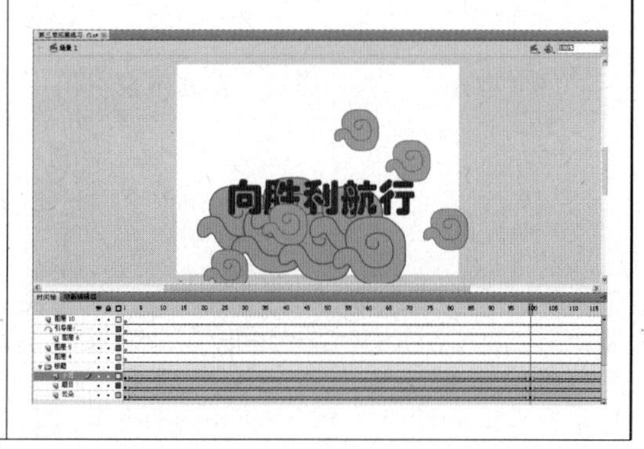
</td></tr>
</table>

(5) 在第________帧插入________，把标题从舞台的左侧拖到右侧，并在前后帧之间________。	
(6) 利用________工具，绘制________天空背景。	
(7) 在第368帧处插入关键帧，把海水元件拖到________，调整________在第________帧处插入关键帧，调整________，使得海水有渐现的效果。	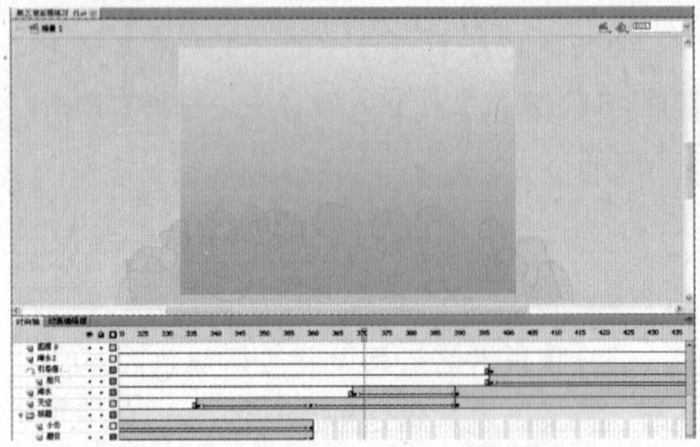 
(8) 创建________图层，在其图层上用________工具画线。	

续表

（9）将船的中点拉至线的________，再拉动船到线的________，再创建________动画。	
（10）在最后调节海水透明度为________。	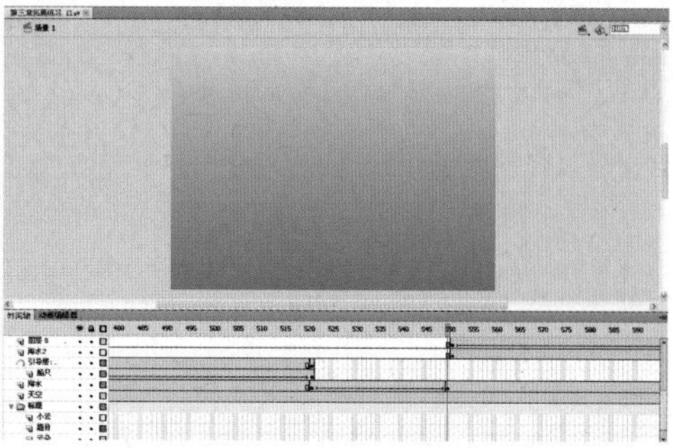
（11）新建________，画正面的船跟海水，再调设帧位置。	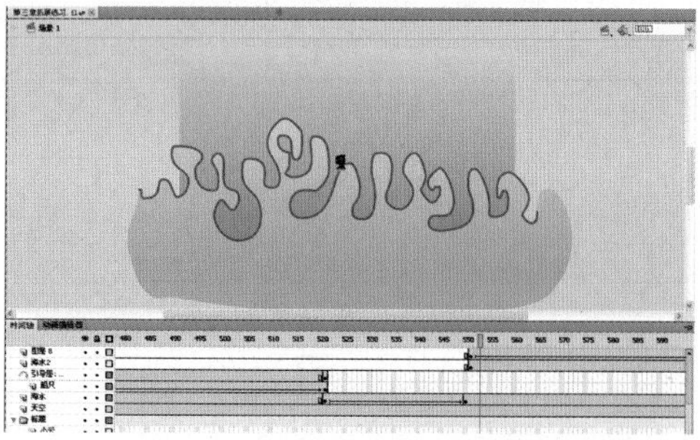
（12）在后面新建帧，使海水移动于画面的________，船位于画面的________。	
（13）插入帧，调动船的________。	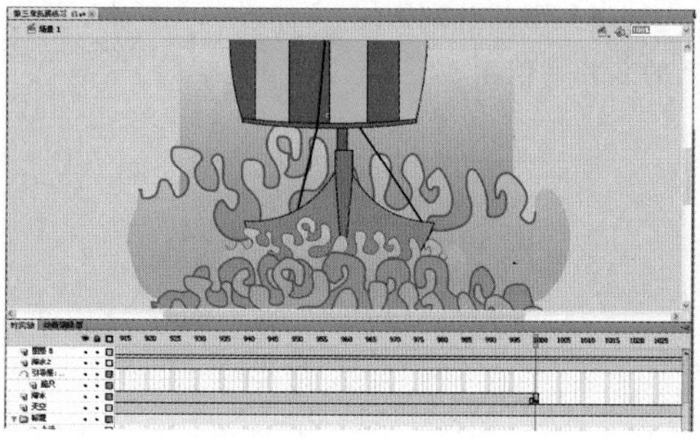

续表

（14）再继续调动船的________。	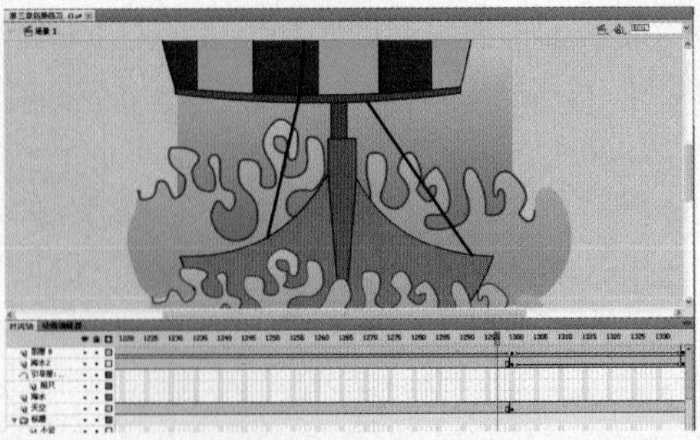
（15）插入________，调动船的________。最后创建________。	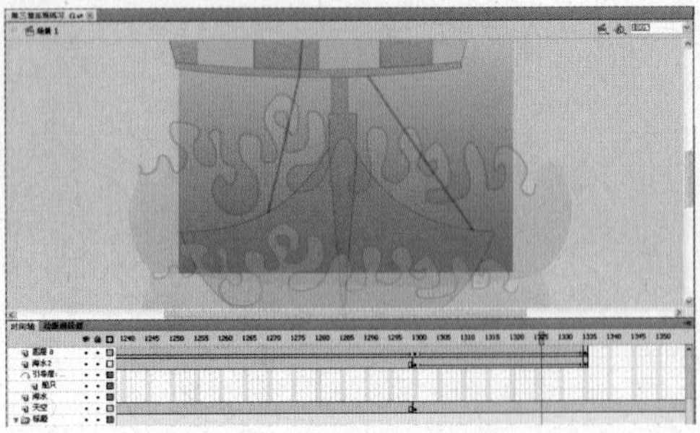
（16）插入帧，最后把全部东西________。	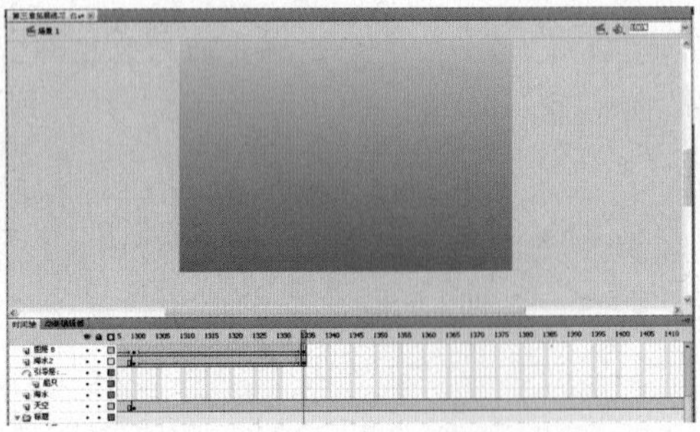
（17）在画面上放置之前的元件，分别在不同的________。	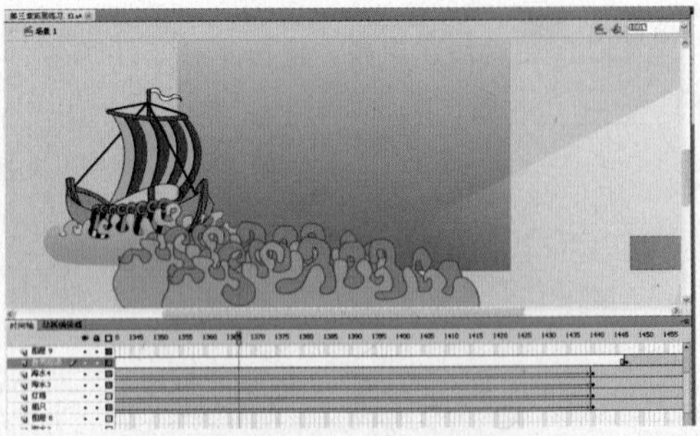
（18）然后分别插入________，移动场景上的东西，创建________。	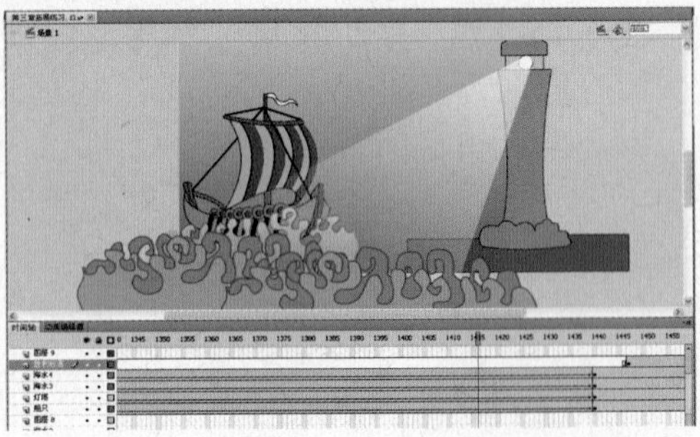

（19）新建________元件，在其元件上画出图中的“胜利咯”字体以及其对话框。	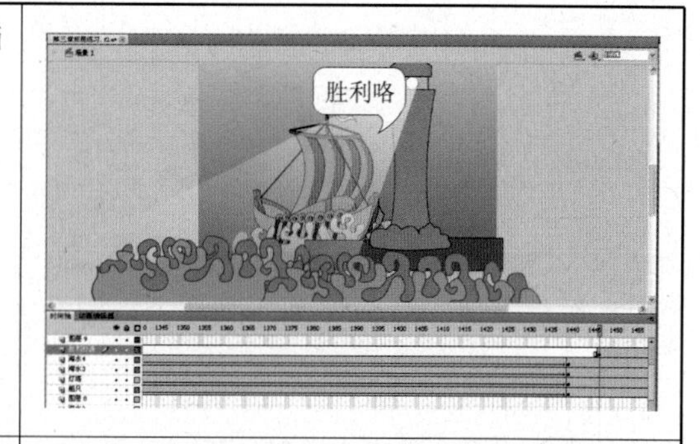
（20）新建________，将其内容移动至相应位置。	
（21）用________工具打出“END”。	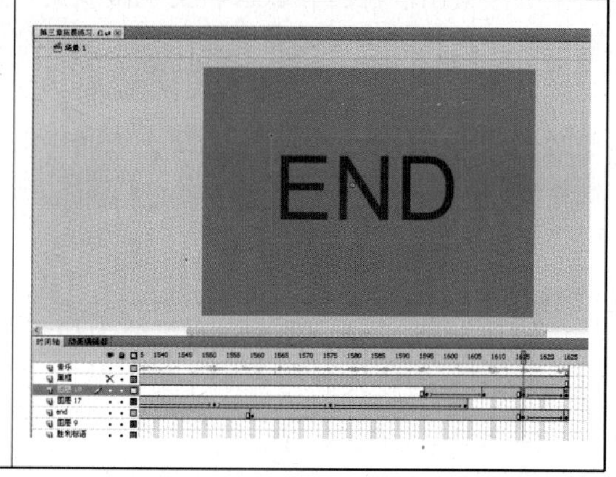

项目 4 MTV 动画制作

项目描述

1. 项目简介

Flash MTV 是用 Flash 软件和音乐结合做出的动画作品，其最大的特点是它能够把一些矢量图、位图和歌词、文字做成交互性很强的动画，不仅具有视觉和听觉的双重感受，更具有趣味性和创造性，人们以能够制作出备受大家关注的 MTV 作品而感到骄傲和自豪。本项目通过一个 Flash MTV 实例《我的路》为主线，从制作前的一些必要准备工作开始入手，包括一些制作的动画技巧和镜头技巧来讲述 Flash MTV 的制作方法和制作技巧。

2. 项目要求

制作 MTV 动画，整个过程可分为如下 3 个子任务：

① 图片的导入。

② 音频的导入。

③ 歌词的填写与音频的对位。

Flash MTV 制作的首要工作是做好充分的准备，多数人在决定做一个 MTV 以后，没有做好必要的准备工作就急于动手，往往是开头做得很快，但不久就会感到无从下手，不知所措。产生这个问题的根本原因就是因为准备工作做得不够充分，一个 Flash MTV 不是一天两天能做出来的，准备工作尤为重要，准备工作做好了，制作过程才能得心应手。

3. 实现构想

学生尝试导入音频格式到 Flash CS5 内，并对音频进行调整和对位，把握音频对制作动画的关键性。（备注：本部分详细内容见光盘。）

任务一——图片的导入

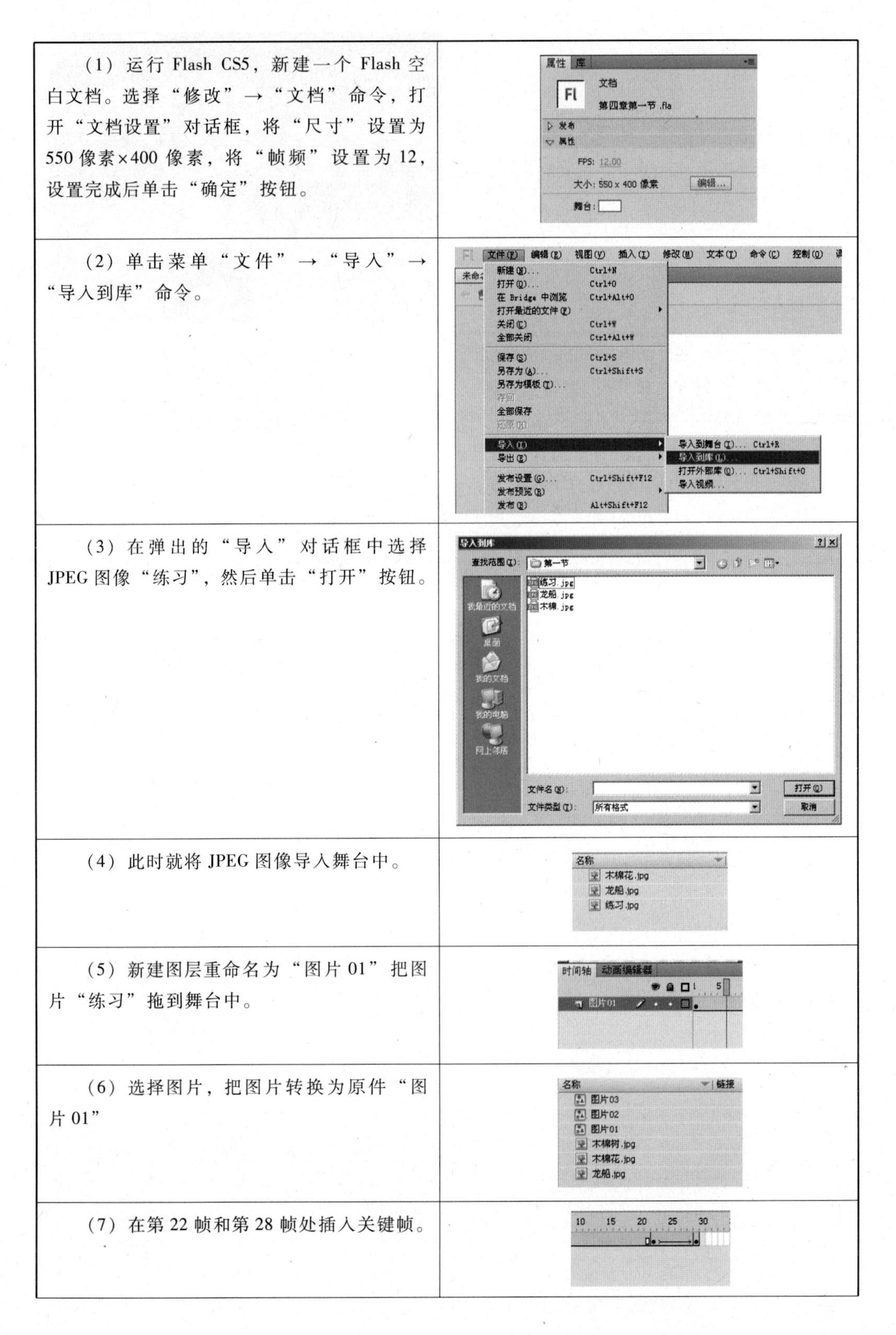

（1）运行 Flash CS5，新建一个 Flash 空白文档。选择“修改”→“文档”命令，打开“文档设置”对话框，将“尺寸”设置为 550 像素×400 像素，将“帧频”设置为 12，设置完成后单击“确定”按钮。

（2）单击菜单“文件”→“导入”→“导入到库”命令。

（3）在弹出的“导入”对话框中选择 JPEG 图像“练习”，然后单击“打开”按钮。

（4）此时就将 JPEG 图像导入舞台中。

（5）新建图层重命名为“图片 01”把图片“练习”拖到舞台中。

（6）选择图片，把图片转换为原件“图片 01”

（7）在第 22 帧和第 28 帧处插入关键帧。

操作步骤	图示
（8）在第 22 帧和第 28 帧之间右击，创建补间动画。	
（9）单击图片原件的第 28 帧，在属性面板的色彩效果面板中，把样式选择“Alpha”模式，并把“Alpha”值调到 0%。	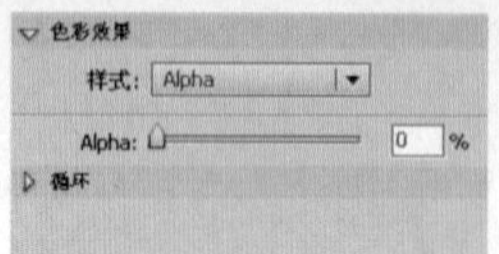
（10）得到图片由原图到透明度的渐变效果，如右图所示。	
（11）新建“图片 02”，在第 23 帧处插入关键帧。	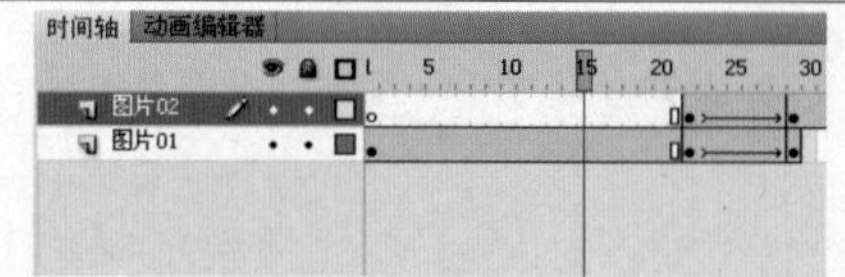
（12）把图片原件“图片 2”拖到舞台中，把“Alpha”值调到 0%。	

<table>
<tr><td>（13）在 28 帧处插入关键帧，把“Alpha”值调到 100%。</td><td>
</td></tr>
<tr><td>（14）在第 45 帧和第 55 帧处插入关键帧，把第 55 帧图片的“Alpha”值调到 0%，创建补间动画。</td><td>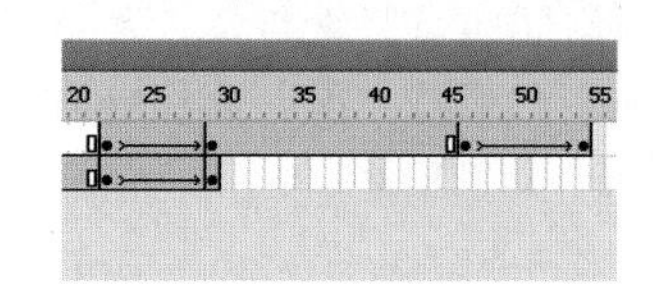
</td></tr>
<tr><td>（15）用同样的手法，新建“图片 03”，制作第三张、第四张的图片转换。</td><td>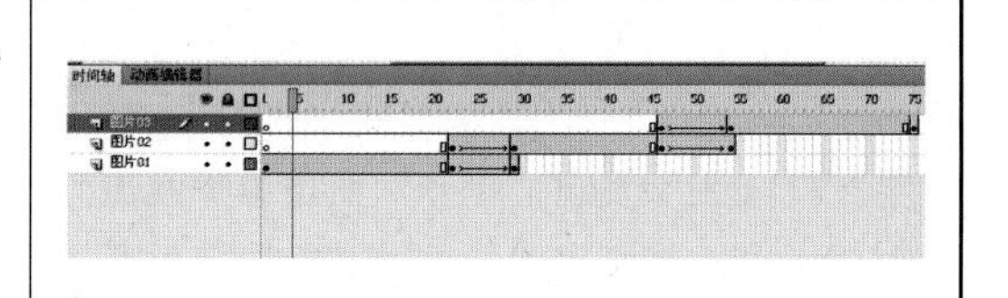
</td></tr>
</table>

任务二——音频的导入

<table>
<tr><td>（1）运行 Flash CS5，新建一个 Flash 空白文档。选择“修改”→“文档”命令，打开“文档设置”对话框。将“尺寸”设置为 550 像素×400 像素，将“帧频”设置为 20，设置完成后单击“确定”按钮。</td><td>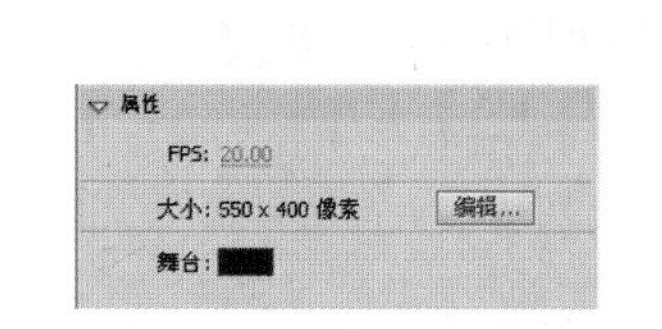
</td></tr>
<tr><td>（2）把光盘中项目 4 的“4.1 音频素材”素材文件导入库中。</td><td>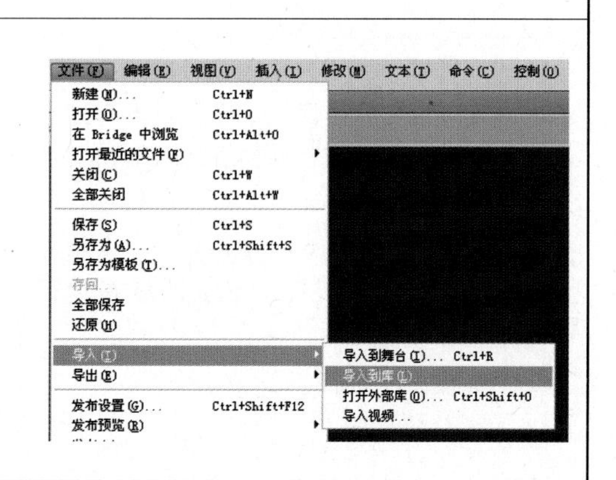
</td></tr>
</table>

续表

（3）在库中得到音频文件“我的路”。	
（4）声音导入后，就可以在“库”面板中看到刚导入的声音文件，今后就可以像使用元件一样使用声音对象。	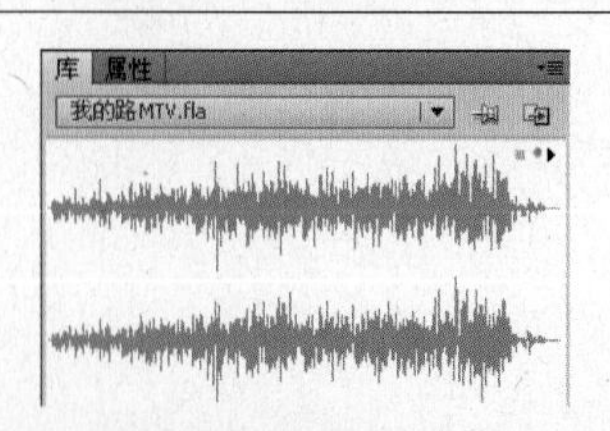
（5）将声音从外部导入 Flash 中以后，时间轴并没有发生任何变化，必须引用声音文件，声音对象才能出现在时间轴上，才能进一步应用声音。	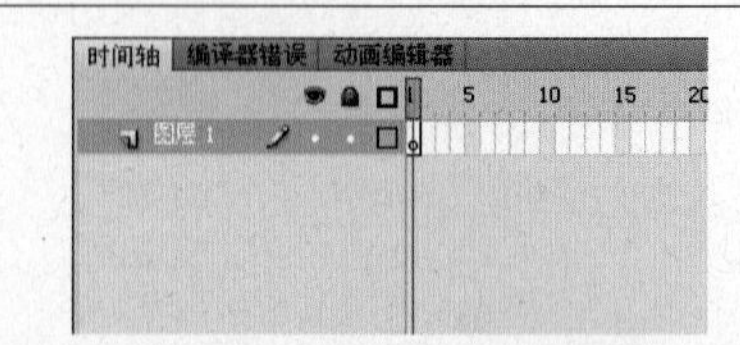
（6）将“图层 1”重新命名为“声音”，选择第 1 帧，然后将“库”面板中的声音对象“我的路”拖到场景中。	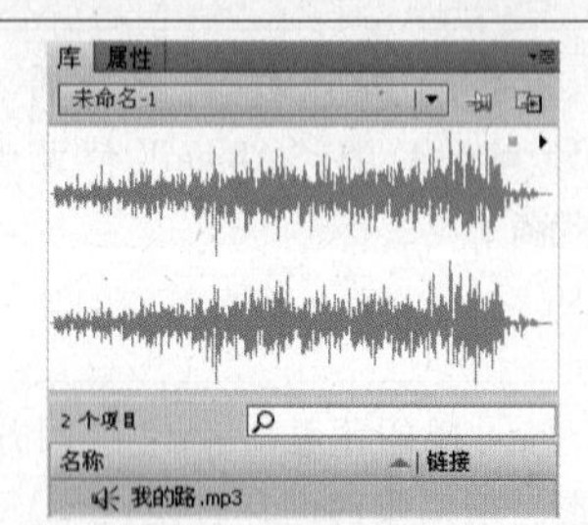
（7）这时会发现“声音”图层第 1 帧出现一条短线，这其实就是声音对象的波形起始，任意选择后面的某一帧，比如第 30 帧，按下 F5 键，就可以看到声音对象的波形。这说明已经将声音引用到“声音”图层了。这时按一下键盘上的 Enter 键，就可以听到声音，如果想听到更为完整的声音，可以按下快捷键 Ctrl+Enter。	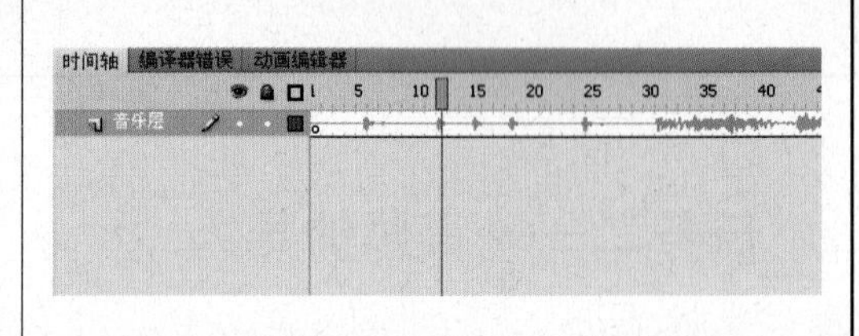
（8）选择“声音”图层的第 1 帧，打开“属性”面板，可见“属性”面板中有很多设置和编辑声音对象的参数。	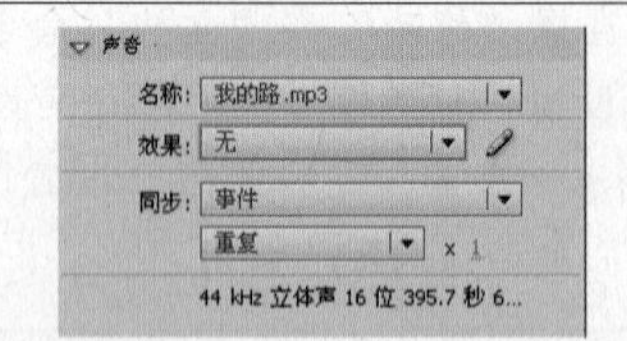
（9）Flash 动画在网络上流行的一个重要原因就是因为它的体积小，这是因为当输出动画时，Flash 会采用很好的方法对输出文件进行压缩，包括对文件中的声音的压缩。但是，如果对压缩比例要求得很高，那么就应该直接在“库”面板中对导入的声音进行压缩。	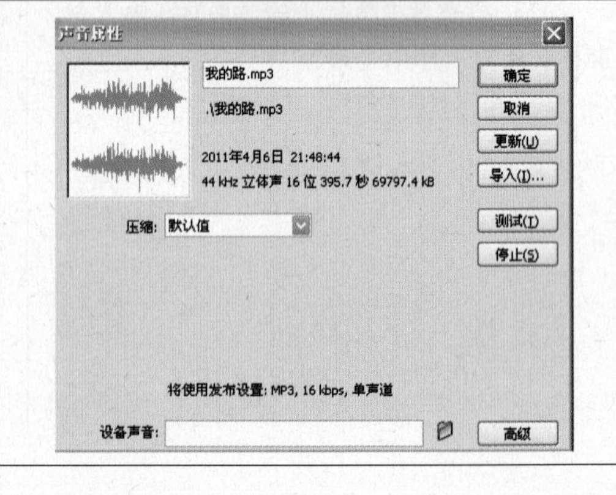

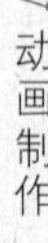

在“库”面板中直接将声音进行压缩的具体操作方法如下：双击“库”面板中的声音图标🔈，打开“声音属性”对话框，如右图所示。在该对话框中，可以对声音进行压缩，在“压缩”下拉菜单中有“默认”、“ADPCM”、“MP3”、“原始”和“语音”压缩模式。	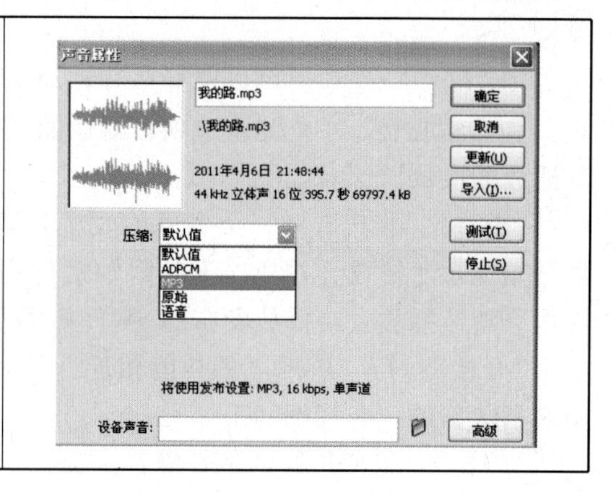

下面简要介绍“声音”图层的“属性”面板参数。

①“名称”选项：从中可以选择要引用的声音对象，这也是另一个引用库中声音的方法。

②“效果”选项：从中可以选择一些内置的声音效果，如声音的淡入、淡出等效果。以下是对各种声音效果的解释。

“无”：不对声音文件应用效果，选择此选项将删除以前应用过的效果。

“左声道”/“右声道”：只在左或右声道中播放声音，如图 4-1 所示。

“向右淡出”/“向左淡出”：会将声音从一个声道切换到另一个声道，如图 4-2 所示。

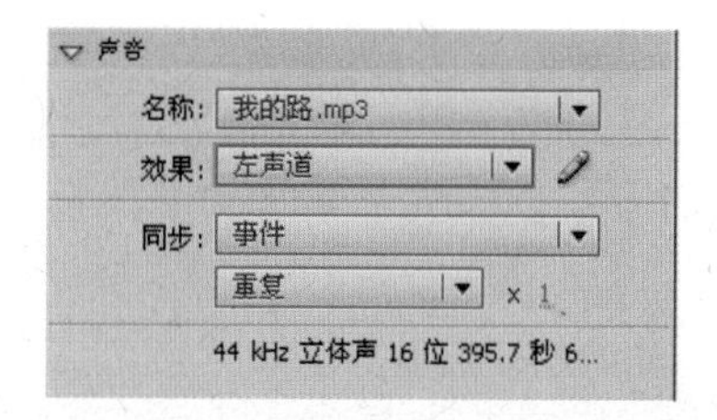

图 4-1 选择“左声道”

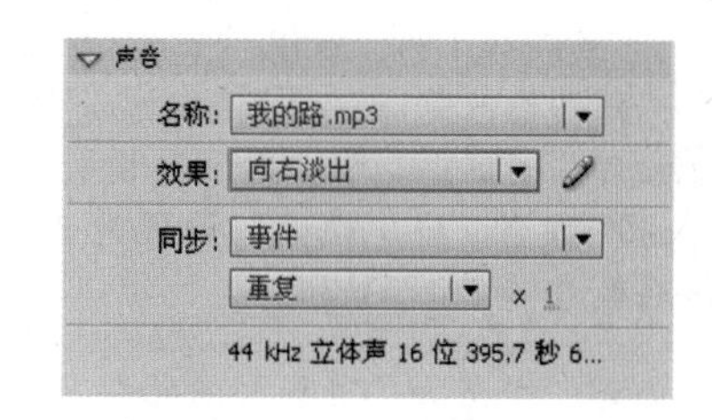

图 4-2 选择“向右淡出”

“淡入”：会在声音的持续时间内逐渐增加其幅度。

“淡出”：会在声音的持续时间内逐渐减小其幅度。

“自定义”：可以使用“编辑封套”创建声音的淡入和淡出点，如图 4-3 所示。

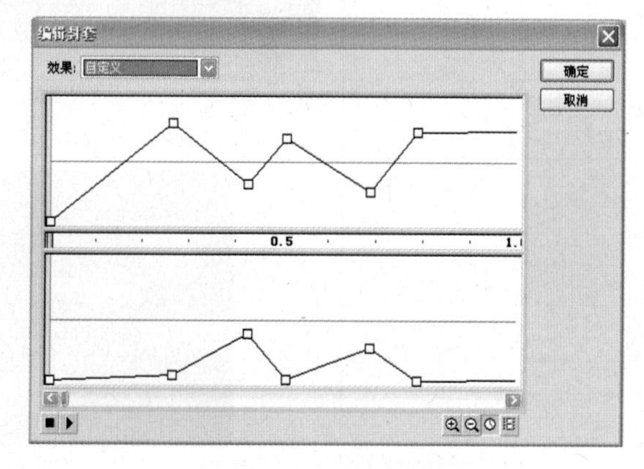

图 4-3 “编辑封套”

③“编辑”按钮：单击该按钮可以进入声音的编辑对话框，对声音进行进一步的编辑。

④“同步”选项：可以选择声音和动画同步的类型，有“事件”、“开始”、“停止”和“数据流”4个同步选项，默认的类型是“事件”。另外，还可以设置声音重复播放的次数。

“事件”：将声音和一个事件的发生过程同步起来。事件与声音在它的起始关键帧开始显示时播放，并独立于时间轴播放完整的声音，即使SWF文件停止执行，声音也会继续播放。当播放发布的SWF文件时，事件与声音混合在一起。

“开始”：与“事件”的功能相近，但如果声音正在播放，使用“开始”选项则不会播放新的声音实例。

“停止”：将使指定的声音静音。

“数据流”：将强制动画和音频流同步。与事件声音不同，音频流随着SWF文件的停止而停止。而且，音频流的播放时间绝对不会比帧的播放时间长。当发布SWF文件时，音频流混合在一起。

通过“同步”弹出菜单还可以设置“同步”选项中的“重复”和“循环”属性。为“重复”输入一个值，以指定声音应循环的次数，或者选择“循环”以连续重复播放声音。

任务三——MTV的字幕校准与合成

（1）运行Flash CS5，新建一个Flash空白文档。选择“修改”→“文档”命令，打开“文档设置”对话框。将“尺寸”设置为550像素×400像素，将“帧频”设置为20，设置完成后单击“确定”按钮。	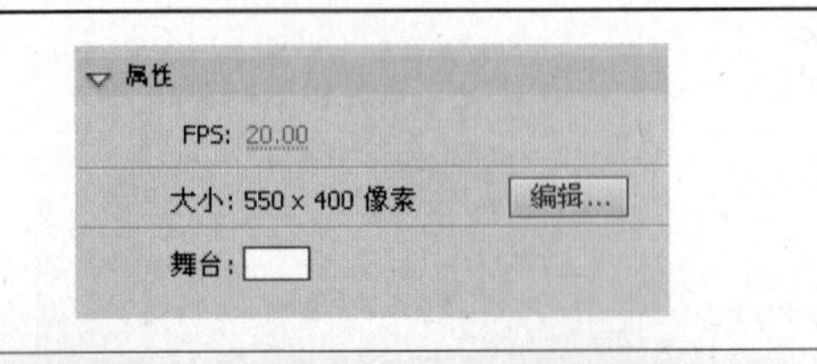
（2）新建一个名为“开场”的元件，制作动画开头，新建一个图层，绘制云和星星，转换为影片剪辑元件，新建一个图层，新建一个Start的按钮。	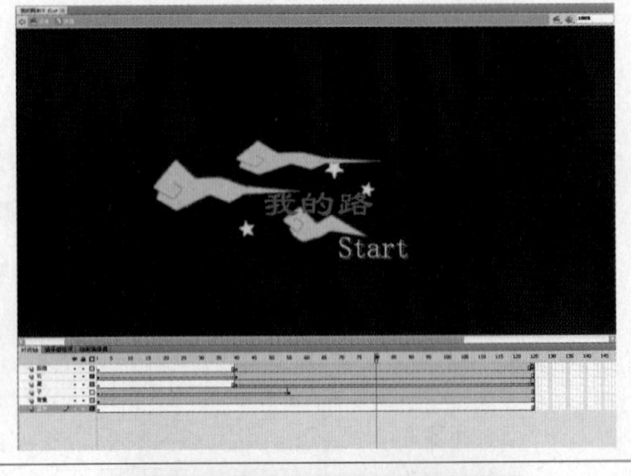
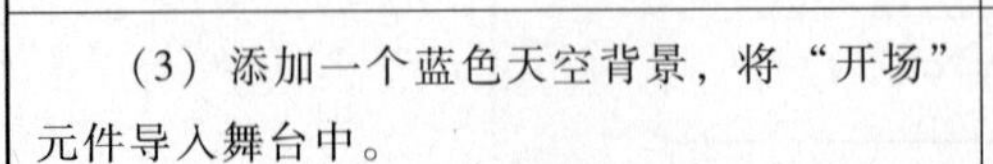（3）添加一个蓝色天空背景，将“开场”元件导入舞台中。	

续表

（4）新建“场景1”，新建一个名为“花”的图层，从库中把“花”元件拖到舞台上，在“花”图层上新建引导层，利用画笔工具绘制一条假设花飘过的线路。再到“花”图层上把花元件放到引导线的最上面，直至中心点与引导线的最上端重合，在第68帧处插入关键帧，将花拖到引导线的末端，直至中心点与引导线末端重合，创建补间动画。	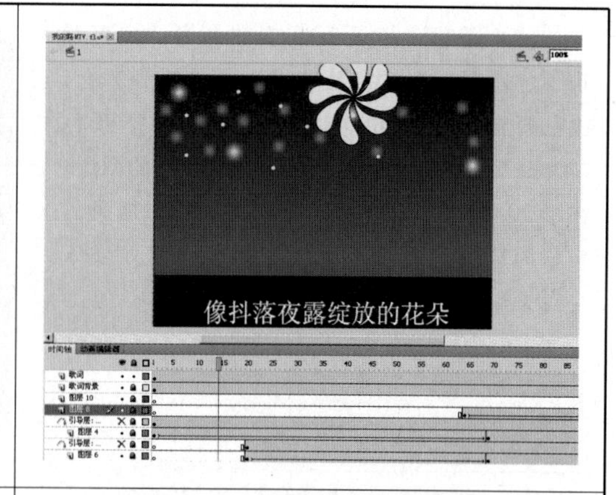
（5）选择“修改”→“新建元件”命令，新建一个图形元件，利用矩形工具，绘制一个宽为550像素、长为82.5像素、名为“字幕背景”的无边框黑色矩形，返回舞台，新建名为“字幕背景”的图层。把“字幕背景”元件拖到舞台，放在舞台最下方位置，在属性栏调整颜色“Alpha”为50%。新建名为“字幕”的图层，把库中的第一句歌词拖到第一帧上，然后在第100帧处插入空白关键帧。	
（6）在第120帧处插入空白关键帧，从库中把第二句歌词拖到“字幕”图层的舞台上，对齐字幕背景。在第220帧处插入空白关键帧。	
（7）新建名为“小胖和云”的图层，在第125帧处插入空白关键帧，从库中把“000101”元件拖到舞台外，在第165帧处插入关键帧，把“小胖和云”缩小移动到舞台正中央，创建补间动画。	

（8）新建“场景2”，新建名为“字幕背景”的图层，把“字幕背景”元件拖到舞台，放在舞台最下方位置，在属性栏调整颜色“Alpha”为50%。新建名为“字幕”的图层，在第20帧处插入空白关键帧，从库中把第三句歌词放到字幕背景上，在第240帧处插入空白关键帧。	
（9）新建“小胖”图层，从库中把“小胖”元件拖到第一帧舞台下方，在第55帧外插入关键帧，把“小胖”拉到舞台适当位置上，创建补间动画。	
（10）在第200、250帧处分别插入关键帧，选择第250帧，按住Shift键把“小胖”拉到舞台的最左边，创建补间动画。	
（11）在第275帧处插入关键帧，按住Shift键把“小胖”拖到舞台最右边，创建补间动画，在第295帧处插入关键帧，按住Shift键把“小胖”拖到舞台中央，创建补间动画。	

续表

(12) 在第335帧处插入关键帧，按住Shift键把“小胖”拖到舞台最右边，创建补间动画，在第340帧处插入关键帧，按住Shift键把“小胖”拖到舞台最左边外，创建补间动画。	
(13) 新建“场景3”，新建一个图形元件，利用多角星形工具绘制一个五角星，描边颜色自定，在星星元件中的第3、6帧处插入关键帧，然后单击第3帧，将星星缩小约1/2。把星星拉到舞台上，再新建一个图形元件，绘制一个三角形，填充黄-白渐变色，然后放到舞台上，调整透明度为50%。在库中把第四句歌词放到字幕图层上，调整位置。	
(14) 新建一个名为“小胖妈妈”的图层，在第35帧处插入关键帧，把“小胖妈yoxi”元件拖到舞台中，位置为：X为483.4，Y为364.5。新建名为“小胖”的图层，在第35帧处插入空白关键帧，把“小胖”元件拖到舞台中，位置为：X为389.1，Y为206.1。	
(15) 在第70帧处插入关键帧，把“小胖”拖到X为59.1、Y为287.4位置，大小缩小到114.5×110.0，创建补间动画。	

(16) 选择“小胖妈妈”图层，在第80帧处插入关键帧，将“小胖妈妈”拖到“小胖”旁边，设置其大小为89.8×139.9，创建补间动画。	
(17) 新建一个名为“渐变”的图层，在第333帧处插入空白关键帧，再绘制一个与舞台大小相同的黑色长方形，将其转换为“黑幕”图形元件，放到舞台正中央，在第360帧处插入关键帧，单击“黑幕”，调整属性透明度为0%，再创建补间动画。	
(18) 新建“场景4”，新建一个名为“小胖路”的图层，绘制一个三角形，颜色为淡紫色，再在三角形最上面绘制一个五角星，颜色为黄色，用选择工具选择这2个图形，执行“修改”→“组合”命令。回到舞台，新建一个名为“小胖”的图层，从库中拖出“小胖背面走”元件，新建一个名为“小胖路”的图层，将库中的“小胖路”元件拖进舞台，将2个图层分别在第190帧处插入关键帧，选择“小胖路”图层，用键盘光标键将“小胖路”上移一点。新建“字幕”图层，插入第5句歌词到舞台。	
(19) 在场景中新建名为“小胖妈”的图层，在第191帧处插入空白关键帧，从库中拖入“小胖妈背”元件，调整大小放到“小胖”旁边，在第320帧处插入关键帧，再回到第191帧，调整“小胖妈背”透明度为0%，创建补间动画，插入第6句歌词到舞台。	

续表

(20) 建立一个名为“黑幕”的图层，在第300帧处插入空白关键帧，从库中拖出“黑幕”元件，放到舞台正中央，在第320帧处插入关键帧，再回到第300帧，单击“黑幕”元件，调整透明度为0%，创建补间动画。	
(21) 建立“场景5”，新建名为“小胖”的图层，从库中拖出“小胖正”元件，建立字幕图层，将第7句歌词拖进舞台。	
(22) 新建一个名为“风”的图层，在第70帧处插入空白关键帧，用铅笔工具画出“风”的线条，将其转换为图形元件。放到舞台右上角外，在第90帧处插入关键帧，调整位置到舞台正中央，创建补间动画，在第110帧处插入关键帧，将“风”拖到舞台左下角外，创建补间动画。	
(23) 选择字幕图层，在第260帧处插入空白关键帧，拖入第8句歌词，在第435帧处插入空白关键帧。	

（24）新建“场景 6”，新建一个名为“路”的图层，从库中拖出“路”元件，位置为：X 为 165.3，Y 为 96.9。在第 100 帧处插入关键帧，将“路”移动至 X 为 165.3、Y 为 415.4 处，创建补间动画。再新建“字幕”图层，拖入第 9 句歌词。	
（25）创建“字幕”图层，拖入第 10 句歌词，对齐字幕背景。	
（26）创建名为“小胖”的图层，在第 100 帧处插入关键帧，从库中拖出“小胖正面飞”的元件，位置为：X 为 522.0，Y 为 -16.1。	
（27）在第 210 帧处插入关键帧，将“小胖”放大至 691.4×400.1，位置为：X 为 -312.4，Y 为 364.6，创建补间动画。	

（28）选择“小胖”图层，在第 250 帧处插入关键帧，从库中拖入“小胖正面走”元件，放到 X 为 109.9、Y 为 74.7 处，大小为 31.1×38.5。再在第 430 帧处插入关键帧，拖到场景下面。	
（29）把“小胖”拉到场景下方，输入歌词到歌词图层。	
（30）把“小胖背面”拉到场景下方，输入歌词到歌词图层。	
（31）插入关键帧，将“小胖背面”拉到星星后面，创建关键帧。	

（32）插入“小胖正面”，头像占半屏，插入关键帧，调整透明度，创建补间动画。	
（33）新建关键帧，把“小胖正面”拉入场景左侧，并且插入歌词。	
（34）新建关键帧，把“妈妈”拉入场景左侧，并且插入歌词。	
（35）新建关键帧，把“妈妈”拉入场景右侧，并且插入歌词。	

（36）把“小胖正面”的元件拉入场景，并且插入歌词。	
（37）新建空白帧，打入黑色的字体“END”。	
（38）新建关键帧，将“end”字改为蓝色，然后创建补间动画，完成。	

知识要点

1. 歌曲选择

制作MTV，选择歌曲很重要，最好是选择自己喜爱的歌曲，或者是选择富有内涵的歌曲。选择好歌曲后要想象歌曲的意境，对歌曲的想象要有个人的突破。

2. 情节构思

MTV动画属于一个比较大的项目，它和制作单个动画不一样，需要一个构思，就好像拍电影，要有剧本、导演、演员、场景，整个电影的构思都写在剧本上了，而制作 MTV 动画也要有一个剧本、一个构思。所以在制作前都要想好应该怎么去做，怎么才能表达这首歌的意义、情感，同时要怎样才能表达出自己，用什么图像来表达，用什么故事情节来表达这首歌和自己。把在脑海里想好的图像或故事情节记录下来，深深地印在自己的脑海里，到设计的时候就充分地展示出来。当然，设计 Flash MTV 动画时，图像和故事情节也不能脱离歌词的含义。

3. 角色定位

制作 MTV 动画就像前面所说的拍电影，有剧本、导演、演员、场景。所在制作 MTV 动画时，整个情节构思就是一个剧本，而设计者就是一名导演，一个 MTV 动画能不能吸引人就是靠这名导演和剧本。演员就是在 MTV 里面出现的人物或者动物、植物等，演员设计得好不好，生动不生动，能不能表达出某些语句或意思，关系到整个动画的质量。电影里面的场景，在 MTV 动画里也有，就是动画背景，它和电影的场景同样起到重要作用。背景的设计是用来衬托演员的，有了背景就使整个动画增添了不少色彩。所以一个 MTV 动画要吸引人还要靠动画里面的演员和背景。

4. 素材准备

Flash MTV 最大的特点是它能够把一些矢量图或者位图与音乐做成交互性很强的动画，在歌曲和剧本的准备工作做好以后，接下来就要准备作品中动画的素材，要根据自己作品中的一些情节来选择一些图片素材。下面将从选择图片、图片格式的转换以及绘制动画素材 3 个方面来介绍素材的准备工作。

对于初学者或者没有美术基础的人来说，要想手工绘制 Flash MTV 作品中的矢量素材，有一定的难度，所以初学的人一般多采用选择一些别人绘制好的图片来完成比较简单的 Flash MTV。

Flash 可以导入几乎所有常见的位图格式，包括 jpg、gif、bmp、png、tif 等位图格式。在网上很容易找到一些图片的素材，选择图片素材要依照作品的主题、歌曲的内容、情节的表现来选择。在应用位图素材时，图片的像素大小要尽量和作品的场景大小相同，对于过大的图片最好事先在 Photoshop 中调整至合适大小并进行适当的压缩处理，这样做能减少文件的体积。使用位图制作的 Flash MTV 文件大多数体积都很大，不能完全体现 Flash 作品短小精悍、适于网上传播的特点，所以在将图像导入 Flash 之前，一定要对它进行压缩优化，一般不赞成用过多的位图来做 Flash MTV 作品。

到目前为止，Flash 作品还是以矢量素材为主流，它具有体积小、任意缩放都不会影响画面质量等特点，所以应尽量采用矢量图，可以在 Flash 中将位图转换成矢量图。

5. 音频导入

在一部 Flash MTV 作品中，音乐是必不可少的，音乐不仅可以给观众声音的震撼，还能进一步表现作品的内涵。根据个人的需要和喜好，以及抒发的情感，选择一首你喜爱的歌曲，最好是有歌词信息的，这样便于作品的歌词制作。如果个人有演唱功底的话，可以用录音软件把自己演唱的声音录制下来，这样边听自己的演唱边欣赏自己的作品，别有一番情趣。

音乐文件有多种格式，Flash CS5 支持的音乐文件的音频格式有：WAV、MP3 和 AIFF 等。在 Flash 中，使用较多的是比较流行的 MP3 格式和 WAV 格式。WAV 格式的音乐，一般是未经压缩处理的音频数据，所以文件体积都比较大，但是能避免失真。MP3 格式的音乐压缩程度高，文件相对比较小，音质比较好，所以 MP3 是目前最为流行的一种音乐文件。

如果音乐文件来源于 CD 或者自己找到的不是 WAV 和 MP3 格式的素材，这就需要借助一些第三方软件转换成 Flash CS5 支持的 WAV 和 MP3 格式。

6. 字幕校准和音频对位

字幕的校准与音频的对位是 Flash MTV 制作的一个比较繁琐而沉闷的环节，这就更要求学生有耐心并且细心地去调节，特别是音频的对位，在遇到人物角色说话的口型问题时，就更加复杂了，可以适当运用其他软件完成这个环节，例如 After Effects 等。

拓展训练

题目：运用素材的人物元件“小胖”、“小胖妈”和音频素材“心动怒放”，制作一分钟的“心动怒放” MTV。

（1）运行 Flash CS5，新建一个 Flash 空白文档。选择“修改”→“文档”命令，打开对话框。将“尺寸”设置为 550 像素×400 像素，将“帧频”设置为________，设置完成后单击“确定”按钮。	属性 FPS: 20.00 大小: 550 x 400 像素 编辑... 舞台:
（2）把光盘中项目 4 的素材文件导入舞台中，得到库中的素材。	
（3）使用钢笔工具设置边框颜色为 80% 黑色，填充色为蓝色，单击________，在编辑区域中绘出海水，并单击选择“转换为元件”，命名为“海水”。	梦的

续表

（4）新建________，把素材库里面的元件拉到舞台________。	
（5）在第________帧处插入________，把标题从舞台的左侧拖到右侧，并在前后帧之间________。	
（6）利用________工具，绘制________天空背景。	
（7）在第368帧处插入关键帧，把海水元件拖到________，调整________在第________帧处插入关键帧，调整________，使得海水有渐现的效果。	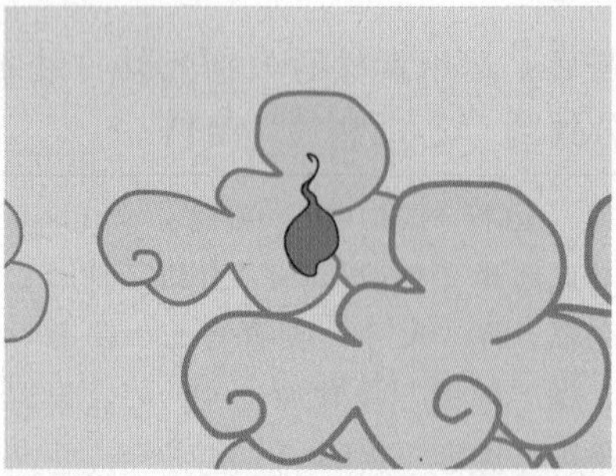 
（8）创建________图层，在其图层上用________工具画线。	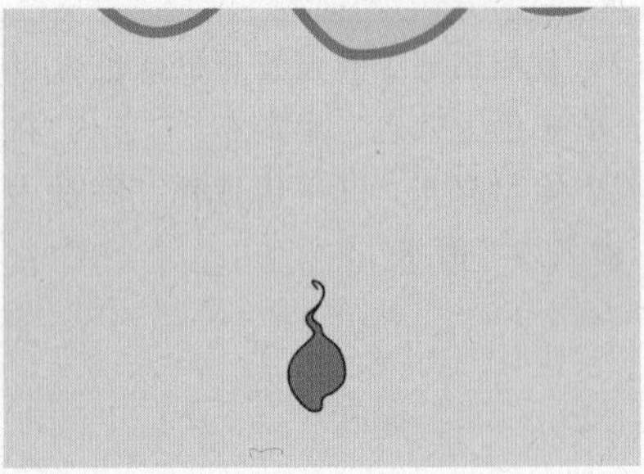

（9）将船的中心点拉至线的________，再拉动船到线的________，再创建________动画。	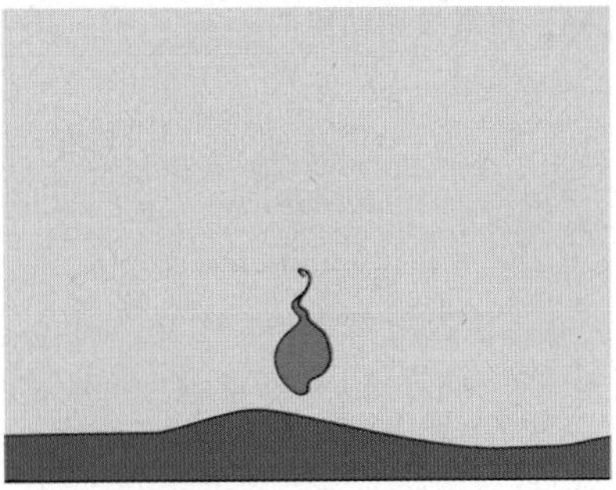
（10）在最后帧调节海水透明度为________。	
（11）新建________，画正面的船跟海水，再调设帧位置。	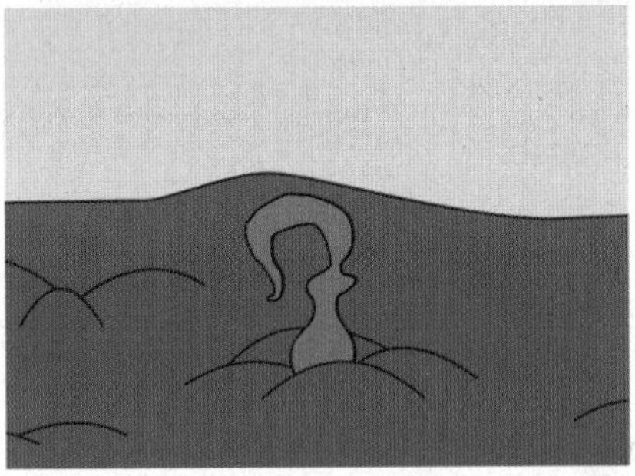
（12）在后面新建帧，使海水移动于画面的________，船位于画面的________。	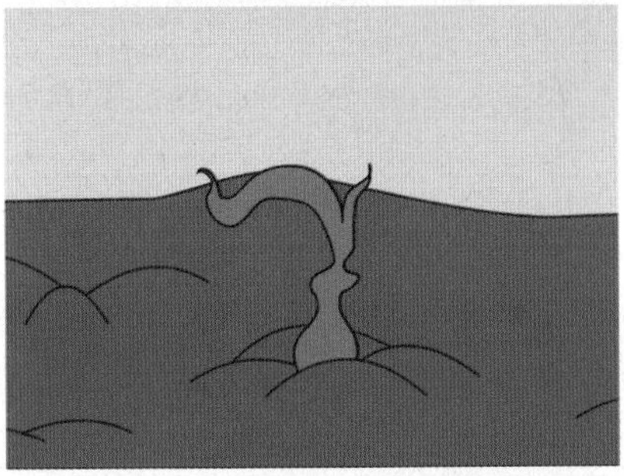
（13）插入帧，调动船的________。	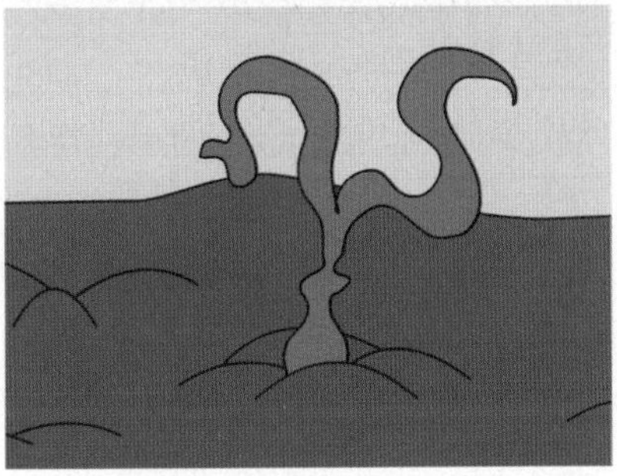

续表

（14）再继续调动船的________。	
（15）插入________，调动船的________，最后创建________。	
（16）插入帧，最后把全部东西________。	
（17）在画面上放置之前的元件，分别在不同的________。	
（18）分别插入________，移动场景上的东西，然后创建________。	
（19）新建________元件，在其元件上画出图中的“胜利”字体以及其对话框。	
（20）新建________，将其内容移至相应位置。	
（21）用________工具打出“END”。	

项目5 网络互动调查制作

项目描述

1. 项目简介

本项目制作一个网上心理问卷调查的Flash，心理测试是指通过一系列手段，将人的某些心理特征数量化，来衡量个体心理因素水平和个体心理差异的一种科学测试方法。由于Flash有丰富的表现力，非常适合于在网络开展问卷调查的制作，其体积小的特点也适合于网络传播，因此本项目使用Flash的组件制作问卷调查。

本项目需要录入用户信息，问卷调查运用单选题、多选题等测试类型，给出反馈意见，提交统计测试结果。本项目的学习分为3个子任务，循序渐进，熟悉Flash CS5的组件元素。

2. 项目要求

本项目分为3个子任务进行：

① 制作表单。

② 组件应用。

③ 编写简单的ActionScript程序。

本项目的重点是初步掌握制作交互动画的技能，这与前面的内容有较大区别。

3. 实现构想

本项目利用Flash CS5内置的组件，运用TextInput、Button、RadioButton、TextArea等组件，制作一个网络问卷，让用户填写资料并进行问卷调查。在此以一个心理测试的题目为例，实现的效果如下：

任务一的实现构想是使用TextInput与TextArea、Button等组件，使用ActionScript脚本编写一个简单的用户信息记录表单，效果如图5-1所示。

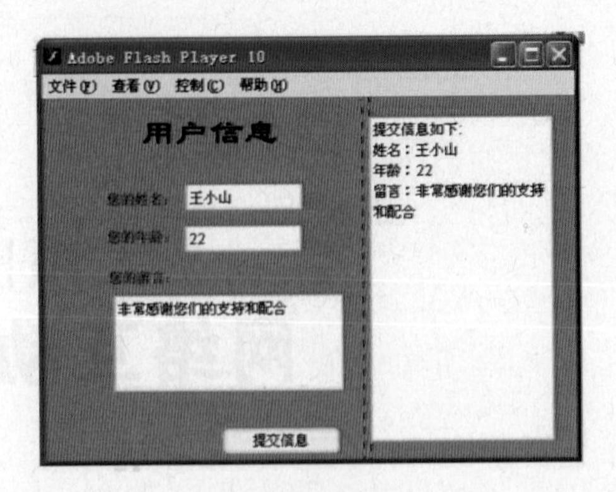

图 5-1 用户信息录入效果图

任务二的实现构想是使用 TextInput 与 TextArea、Button、RadioButton 等组件，使用 ActionScript 脚本编写一个简单的用户心理测试表单，效果如图 5-2 所示。

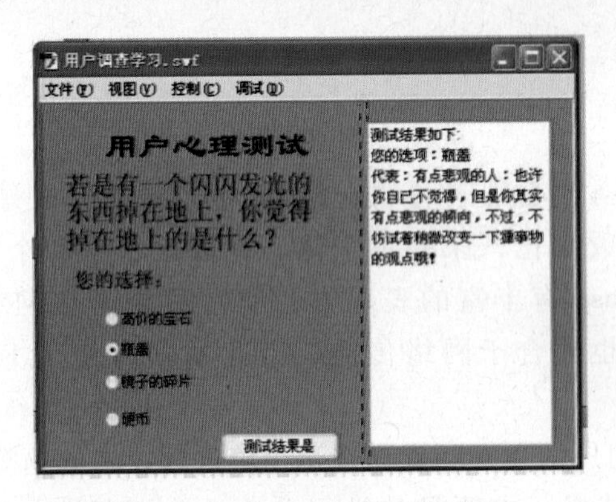

图 5-2 用户心理测试效果图

任务三的实现构想是使用 TextArea、Button、ComboBox 等组件，使用 ActionScript 脚本编写一个简单的用户乐观性格的测试程序，效果如图 5-3 所示。

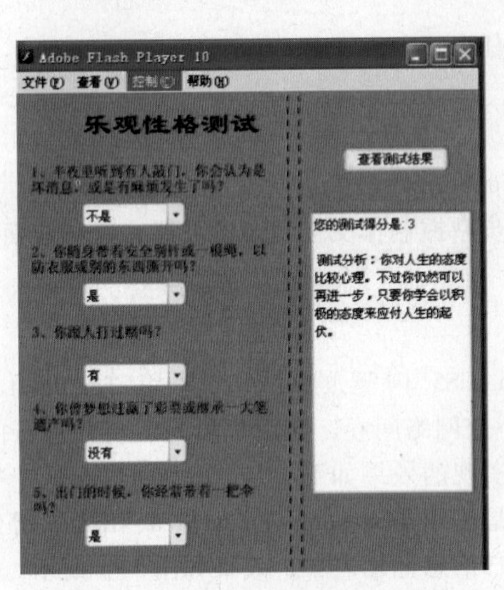

图 5-3 用户乐观性格测试效果图

任务一——实现用户信息录入

1. 设计目标

通过制作“实现用户信息录入”动画，学会 TextInput 组件和 Button 组件的使用方法，掌握使用组件的操作方法。

2. 设计思路

① 添加组件制作动画的界面。
② 设置组件实例的名称和参数。
③ 对相应的组件编写动作脚本代码。

3. 操作步骤

（1）单击菜单“文件”→“新建”命令，新建一个“尺寸”为 450 像素×300 像素，“背景颜色”为粉色（“#FF6666”）的 Flash 文档。	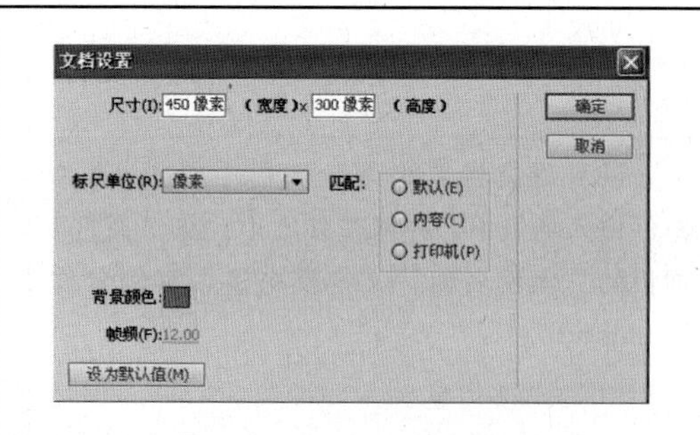
（2）选择文本工具，打开其“属性”面板，设置“系列”为“宋体”，“大小”为“29”，在场景中相应的位置输入文字“用户信息”，再把“大小”改为“12”，在场景中相应的位置输入文字“您的姓名：”和“您的年龄：”。	
（3）按 Ctrl+F7 组合键打开“组件”面板，展开“User Interface”选项，将“组件”面板中的 TextInput 组件拖到场景中的文字后面，并调整其大小。	
（4）继续将“组件”面板中的 Button 组件拖入场景中，将“属性”面板中的“label”改为“提交信息”并调整其大小。	

(5) 选择“您的姓名:”文字后面对应的组件，在“属性”面板的“实例名称”文本框中输入实例名称“uname”。	
(6) 选择“您的年龄:”文字后面对应的组件，打开“属性”面板，在“实例名称”文本框中输入实例名称“uage”。	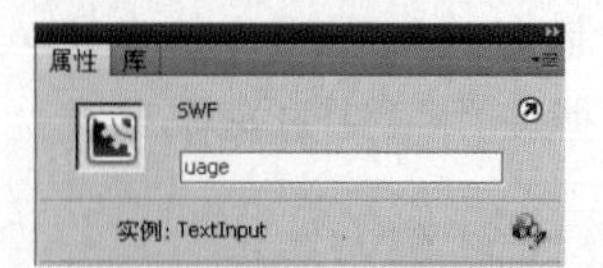
(7) 选择文本工具，打开其“属性”面板，设置“系列”为“宋体”，“大小”为“12”，在场景中相应的位置输入文字“您的留言”。选择“您的留言:”文字后面对应的组件，在“属性”面板的“实例名称”文本框中输入实例名称“words”。	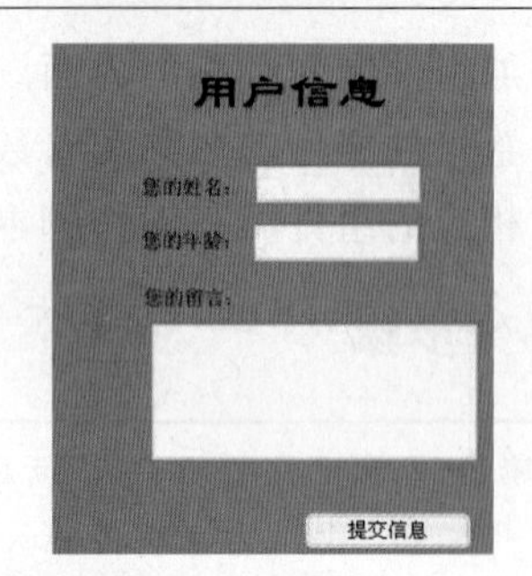
(8) 继续将“组件”面板中的TextArea组件拖入场景中，并调整其大小，在“属性”面板的“实例名称”文本框中输入实例名称“resulttext”。	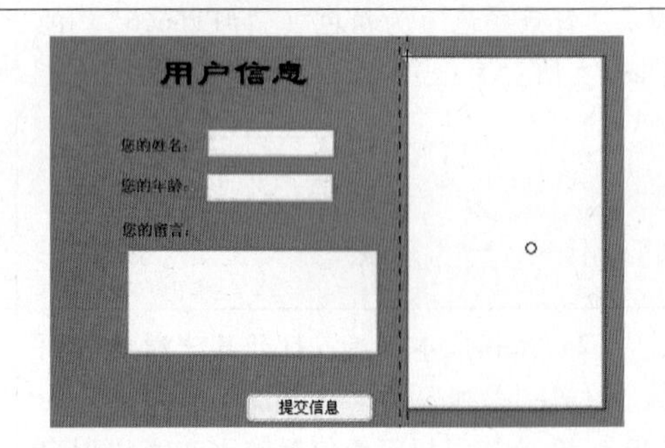

(9) 单击“提交信息”组件，按下F9键打开“动作”面板，输入以下代码:
on(click){
_root.resulttext.text="提交信息如下:"
+"\r姓名:"+_root.uname.text
+"\r年龄:"+_root.uage.text
+"\r留言:"+_root.words.text;
}
	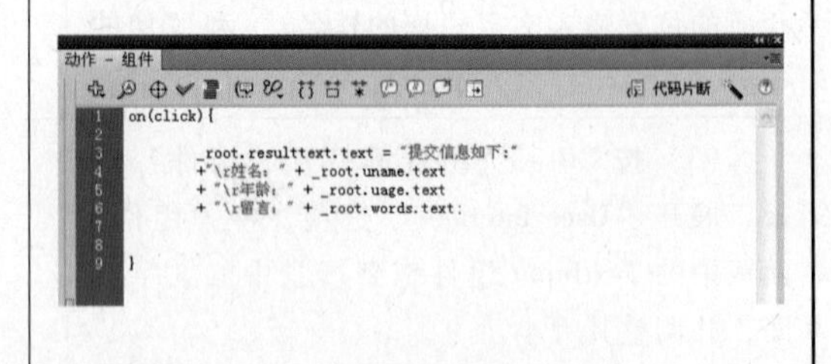

(10) 按Ctrl+Enter组合键测试动画，观看效果，最后保存文件。	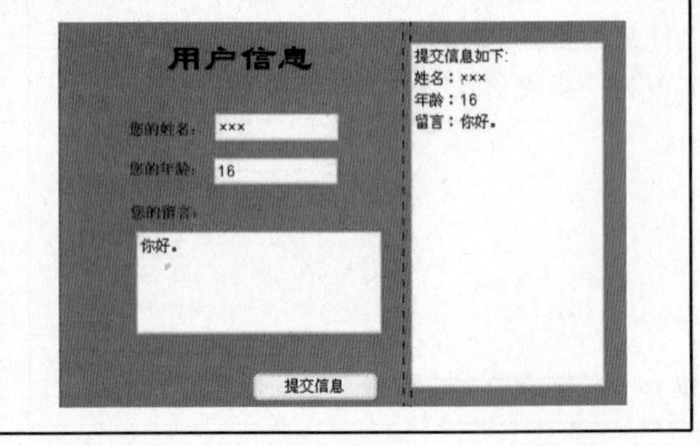

任务二——实现用户心理测试问卷

1. 设计目标

通过制作“实现用户心理测试”动画，学会 RadioButton 组件和 Button 组件的使用方法，掌握使用组件的操作方法。

2. 设计思路

① 添加组件制作动画的界面。
② 设置组件实例的名称和参数。
③ 对相应的组件编写动作脚本代码。

3. 操作步骤

（1）启动 Flash CS5，单击菜单“文件”→“新建”命令，创建一个 ActionScript 2.0 文档；单击菜单“修改”→“文档”命令；在“文档属性”对话框中设置“尺寸”为 450 像素 × 300 像素，背景色为粉色（“#FF6666”）；单击“确定”按钮完成设置。	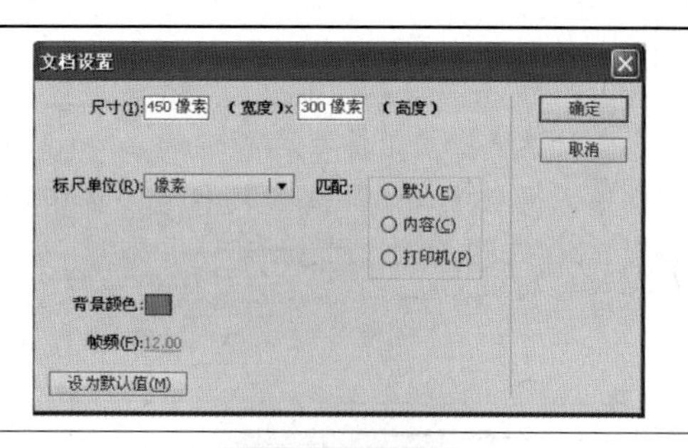
（2）双击“图层 1”，然后将其命名为“背景”；选择文本工具，打开其“属性”面板，设置系列为“隶书”，大小为“29”，在场景中相应的位置输入标题文字“用户心理测试”。	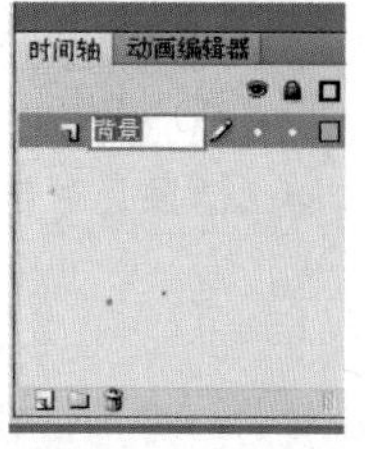
（3）选择文本工具，打开其“属性”面板，设置“系列”为“宋体”，“大小”为“20”，在场景中相应的位置输入文字“若是有一个闪闪发光的东西掉在地上，你觉得掉在地上的是什么?”，然后把“大小”改为“15”，输入文字“您的选择:”如右图所示。	
（4）按 Ctrl+F7 组合键打开“组件”面板，展开“User Interface”选项，将“组件”面板中的 RadioButton 组件拖到场景中 4 次，并调整其大小。	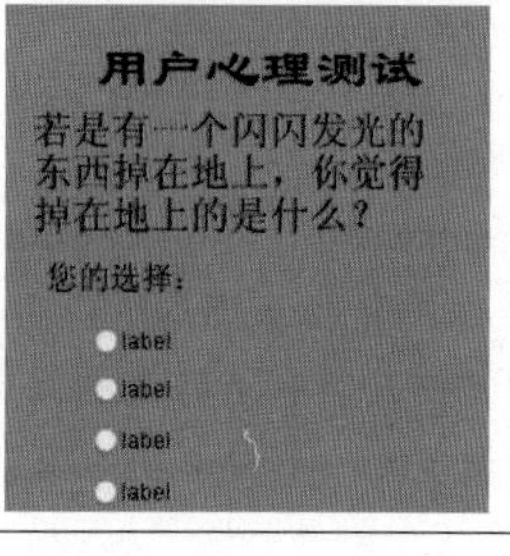

<table>
<tr>
<td>（5）分别单击场景中的 RadioButton 组件，将“属性”面板中的“label”分别改为“高价的宝石”、“瓶盖”、“镜子的碎片”、“硬币”，并将“属性”面板中的“groupName”都改为“xinlixiang”。</td>
<td></td>
</tr>
<tr>
<td>（6）继续将“组件”面板中的 Button 组件拖入场景中，并调整其大小，将“属性”面板中的“label”改为“测试结果是”。</td>
<td>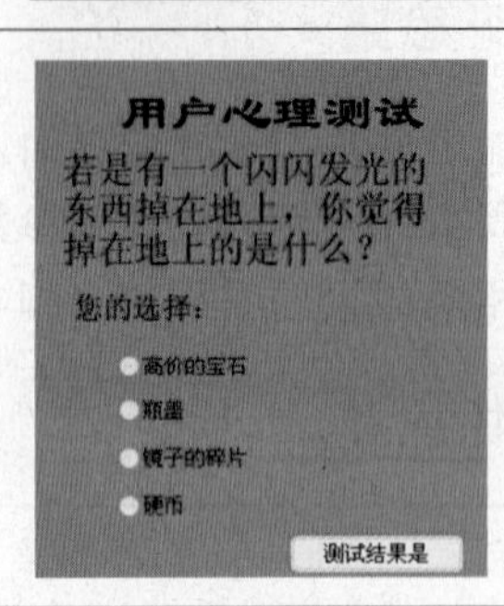</td>
</tr>
<tr>
<td>（7）继续将“组件”面板中的 TextArea 组件拖入场景中，并调整其大小，宽为 160 像素，高为 250 像素，如右图所示。</td>
<td>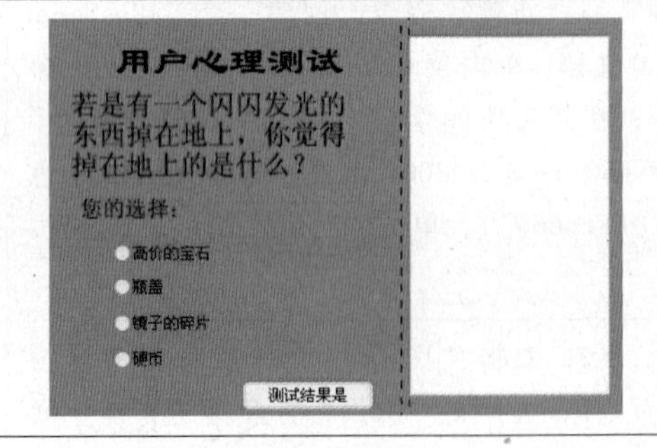</td>
</tr>
<tr>
<td>（8）单击“测试结果是”组件，按 F9 键打开“动作”面板，输入以下代码：
on(click){
_root. resulttext. text="测试结果如下："+"\r 您的选项："+_root. xinlixiang. getValue();
switch(_root. xinlixiang. getValue()){
case"高价的宝石"：
_root. resulttext. text=_root. resulttext. text+
"\ r 代表：超级乐天的人，真幸运！真是个不可思议的经验！这就是你的想法。所以，哪怕遇到了无谓的灾害，你是能乐在其中的类型。"；
break；
case"瓶盖"：
_root. resulttext. text=_root. resulttext. text+
"\ r 代表：有点悲观的人：也许你自己不觉得，但是你其实有点悲观的倾向，不过，不妨试着稍微改变一下看事物的观点哦！"；</td>
<td>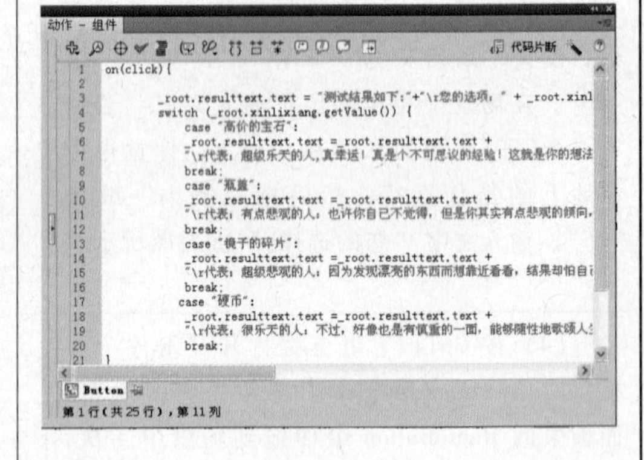</td>
</tr>
</table>

续表

<table>
<tr><td>break;
case" 镜子的碎片 ":
_root. resulttext. text = _root. resulttext. text+
"\ r 代表：超级悲观的人：因为发现漂亮的东西而想靠近看看，结果却怕自己会被镜子割伤什么的，你的想法就是这么悲观，但是，选 2 和 3 的人也有所谓踏实的一面，这可是一个优点，因此，试着再活得稍微无忧无虑些。";
break;
case" 硬币 ":
_root. resulttext. text = _root. resulttext. text+
"\ r 代表：很乐天的人：不过，好像也是有慎重的一面，能够随性地歌颂人生，而且最健康的人就是你啦。";
break;
}
}</td><td></td></tr>
<tr><td>（9）按 Ctrl+Enter 组合键测试动画，观看效果，最后保存文件。</td><td>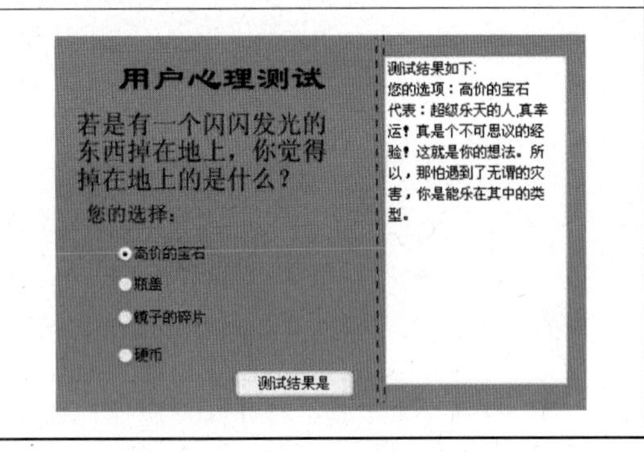
</td></tr>
</table>

任务三——实现乐观性格测试问卷

1. 设计目标

通过制作实现乐观性格测试问卷 Flash 动画，进一步学会使用 ComboBox 组件和 Button 组件的方法，掌握使用组件的操作方法。

2. 设计思路

① 添加组件制作动画的界面。
② 设置组件实例的名称和参数。
③ 对相应的组件编写动作脚本代码。

3. 操作步骤

（1）启动 Flash CS5，单击菜单“文件”→“新建”命令，创建一个 Flash 文档；单击菜单“修改”→“文档”命令；在“文档设置”对话框中设置“尺寸”为 450 像素×600 像素，背景色为“#FF666”；单击“确定”按钮完成设置。	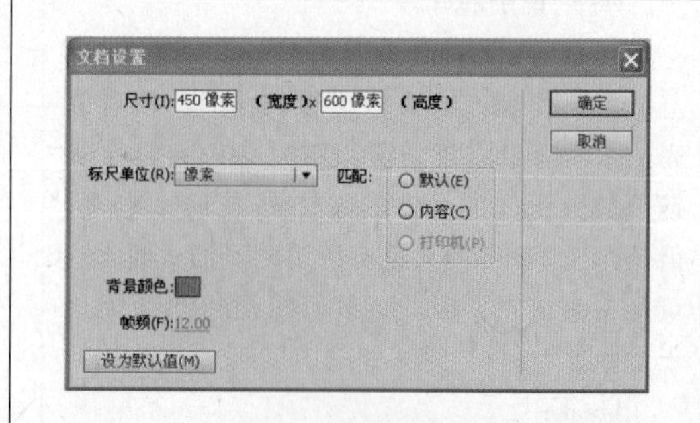
（2）双击“图层 1”；然后将其命名为“表格”；选择文本工具，打开其“属性”面板，设置“大小”为“29”；在场景中相应的位置输入标题文字“乐观性格测试”，如右图所示。	
（3）选择文本工具，打开其“属性”面板，设置“系列”为“宋体”，“大小”为“14”，在场景中相应的位置输入文字“1. 半夜里听到有人敲门，你就会认为是坏消息，或是有麻烦发生了吗？”、“2. 你随身带着安全别针或一根绳，以防衣服或别的东西撕开吗？”、“3. 你跟人打过赌吗？”、“4. 你曾梦想过赢了彩票或继承一大笔遗产吗？”和“5. 出门的时候，你经常带着一把伞吗？”	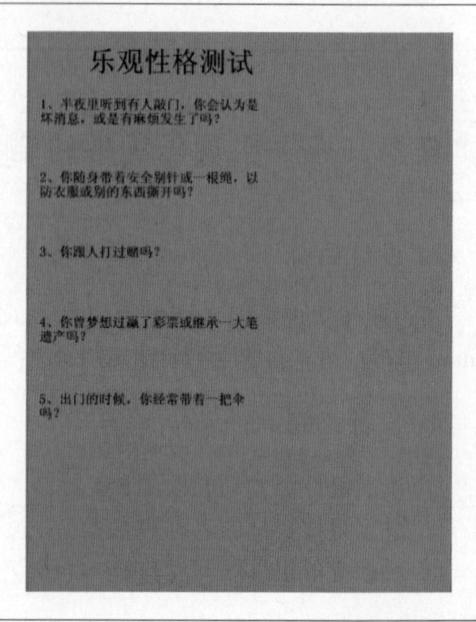

续表

（4）按 Ctrl+F7 组合键打开“组件”面板，展开“User Interface”选项。将“组件”面板中的 TextInput 组件拖到场景中的文字后面，并调整其大小。	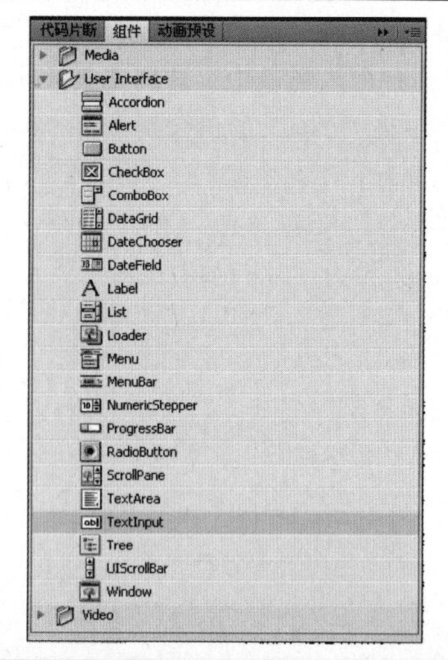 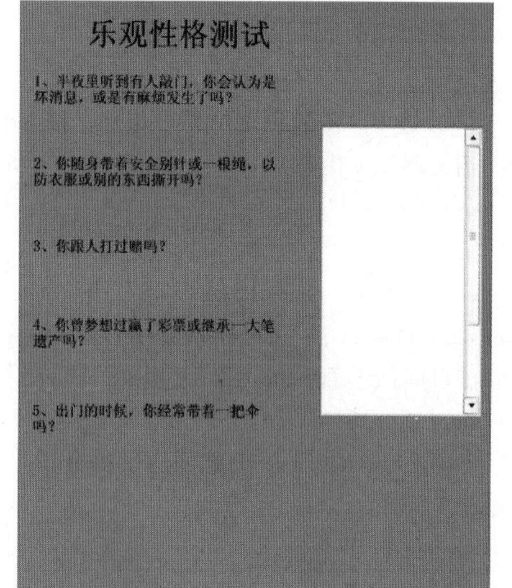
（5）继续将“组件”面板中的 Button 组件拖入场景中，并调整其大小；在“属性”中将“label”设为“查看测试结果”，如右图所示。	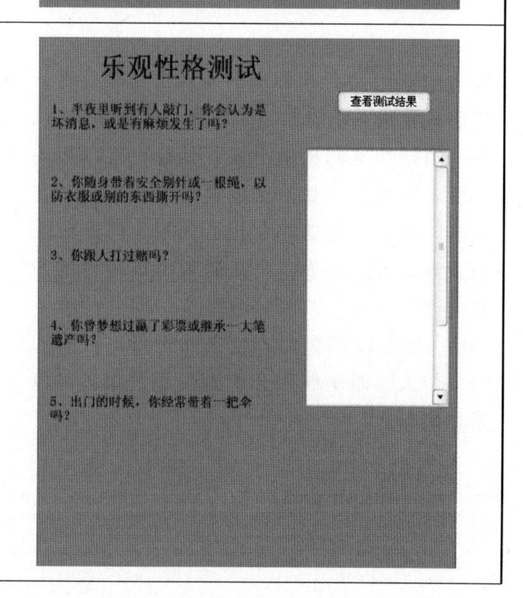

（6）继续将“组件”面板中的“ComboBox”组件拖入场景中，并调整其大小；在“属性”中将“data”的值分别设为“0、1”，“label”设为“不是、是”，“否、是”，“没有、有”，“没有、有”和“不是、是”，“rowCount”设为“3”，如右图所示。	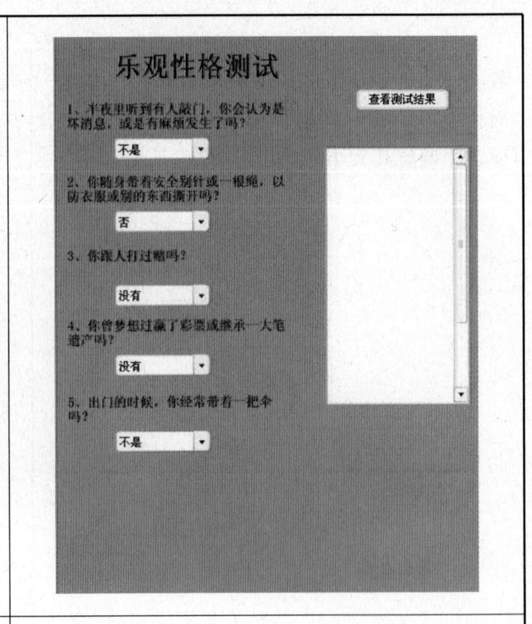

（7）选中“查看测试结果”组件，按F9键，后复制以下代码：
on(click){
var score=0;
score=_root.choice1.getValue()+_root.choice2.getValue()+_root.choice3.getValue()+_root.choice4.getValue()+_root.choice5.getValue();
_root.resulttext.text="您的测试得分是:"+score;
var fenxi=""
if(score<=2)
{
fenxi="你是个标准的悲观主义者，看人生总是看到不好的那一面。身为悲观主义者，唯一的好处是你从来不往好处想，所以很少失望。然而以悲观的态度面对人生，却又有太多的不利。你随时会担心失败，因此宁愿不去尝试新的事物，尤其遇到困难时你的悲观会让你心理更灰暗。解决这一问题的唯一办法，就是以积极的态度来面对每一件事和每一个人，即使偶尔会感到失望，你仍可以增加信心。";
}
else if(score<=3)
{

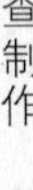

fenxi="你对人生的态度比较理性。不过你仍然可以再进一步，只要你学会以积极的态度来应付人生的起伏。";
}
else
{
fenxi="你是个标准的乐观主义者。看人生总是看到好的一面，将失望和困难摆到一旁，不过乐观有时也会使你掉以轻心，反而误事。";
}
_root. resulttext. text= _root. resulttext. text +"\r\r 测试分析:"+fenxi;
}	

完成后效果如右图所示。	

知识要点

1. 组件

Flash CS5 的组件概念是由 Flash 的影片剪辑延伸而来的，比较各种 Flash CS5 中内置的常用组件，可以归纳出以下特点：

① 拥有某种功能的影片剪辑。

② 有参数变量（属性），通过改变参数来改变组件的属性。

③ 参数改变的情况下，组件的功能不变。

④ 能够重复应用和改变组件的外观（Skins）。

2. 组件的作用

Flash CS5 既可以使用单个组件，也能够组合多个组件来制作各种复杂菜单或是一些高级应用程序，还可以改变组件的样式或是替换它们，组件常见的作用如下：

① 设计窗体用以登记用户的地址、电话、电子邮件地址和其他信息，并提交到服务器验证这些数据。

② 建立一个多问题、多部分的调查，迅速计算结果并绘制调查结果数据图表。

③ 建立个人相册，存放图像和缩放图。

④ 创建基于幻灯片的演示文稿模板。

⑤ 数据库和多媒体方面的应用。

3. 组件的打开

在 Flash CS5 中，用户可以在“组件”面板中查看 ActionScript3. 0 组件。

方法：单击菜单“窗口”→“组件”命令，如图 5-4 所示，或使用 Ctrl+F7 组合键，打开“组件”面板，如图 5-5 所示。

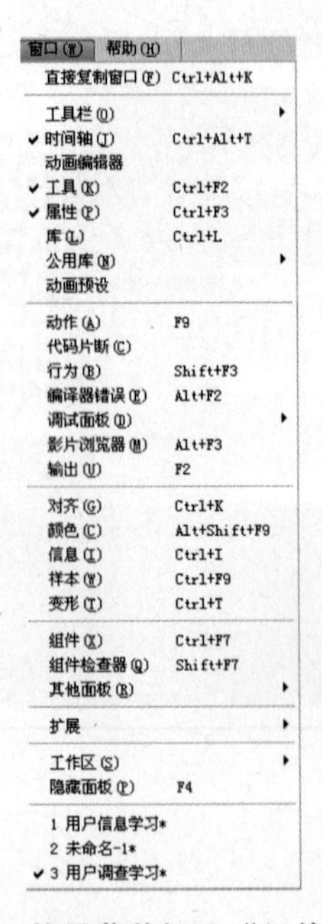

图 5-4 使用菜单打开“组件”面板

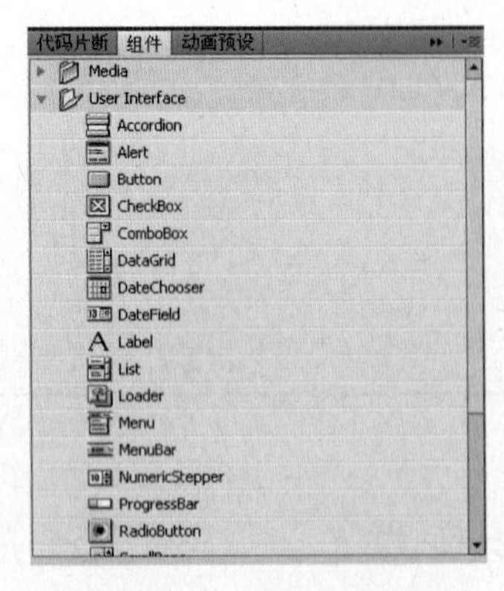

图 5-5 “组件”面板

4. 使用组件的方法

① 按 Ctrl+F7 组合键打开“组件”面板。

② 选中一个组件，拖到场景中或者双击组件都能把组件加到场景中。

③ 单击菜单“窗口”→“组件检查器”命令，在“组件检查器”面板中修改实例的参数。

5. 组件的类型和设置方法

（1）组件的类型

在安装 Flash CS5 时，自动安装了两类组件——“用户界面”（User Interface）组件和“视频”（Video）组件，如图 5-6 所示。

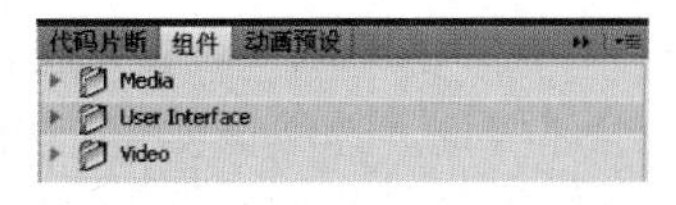

图 5-6 “组件”类型

User Interface 组件：用于设置用户的界面，并通过界面使用户与应用程序进行交互操作。该类组件类似于网页中的表单元素，如 Button（按钮）组件、RadioButton（单选按钮）组件等。

Video 组件：主要用于对播放器中的播放状态和播放进度等属性进行交互操作。

Video 组件包括以下 3 个组件：

① FLVPlayback 组件（fl. video. FLVPlayback）：用于视频播放器，包括 Flash 应用程序，是基于 SWC 的组件。

② FLVPlayback 自定义 UI 组件：基于 FLA，同时用于 FLVPlayback 组件的 ActionScript 2. 0和 ActionScript 3. 0 版本。

③ FLVPlayback Captioning 组件：为 FLVPlayback 提供关闭的字幕。

（2）组件的设置方法

设置几个接口参数就可以使用组件。在“属性”面板中，可以看到相应的参数，在参数值上单击，就可以进行修改或从下拉列表框中选择。单击菜单“窗口”→“组件检查器”命令，也可以打开“组件检查器”面板进行参数设置。每个组件都有自己的属性和设置方法，这些参数就是组件的属性，图 5-7 所示为“Button”组件的各项参数。

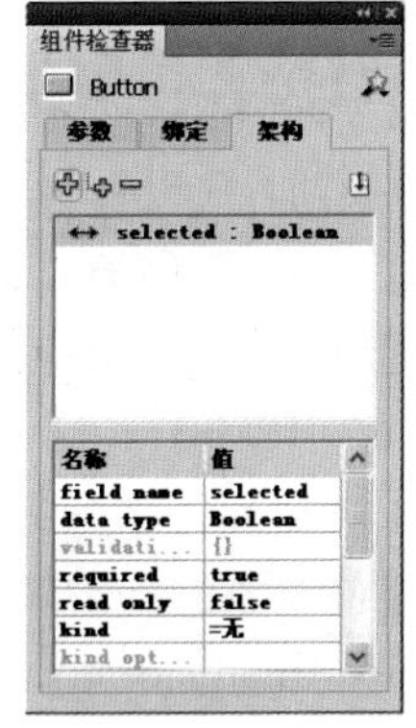

图 5-7 “Button”组件的各项参数

6. 下载和安装组件

用户可以从 Adobe Exchange 网站（http://www. adobe. com/cfusion/exchange）或其他相关网站上下载其他组件进行安装。在将下载的组件安装到本地计算机之前，首先要安装 Adobe Extension Manager 1. 8 扩展管理器，下载地址为 http://www. adobe. com/cn/exchange/em download/。

在本地计算机安装组件的步骤如下：

第 1 步：退出 Flash 文档。

第 2 步：将包含组件的 SWC 或 FLA 文件放在 C:\Program Files\Adobe\Flash CS5\zh_ch\Configuration\Components 路径中。

第 3 步：启动 Flash。

第 4 步：如果“组件”面板尚未打开，则单击菜单“窗口”→“组件”命令，然后在“组件”面板中查看组件。

7. Flash CS5 常用内置组件介绍

(1) RadioButton (**单选按钮**)**组件**

将 RadioButton 组件拖到场景中，形成一个 RadioButton 组件实例。选中该实例，单击菜单“窗口”→“组件检查器”命令，打开“RadioButton”组件的“组件检查器”面板，如图 5-8 所示。该面板有两列数据，一列是组件的名称；另一列是数值。

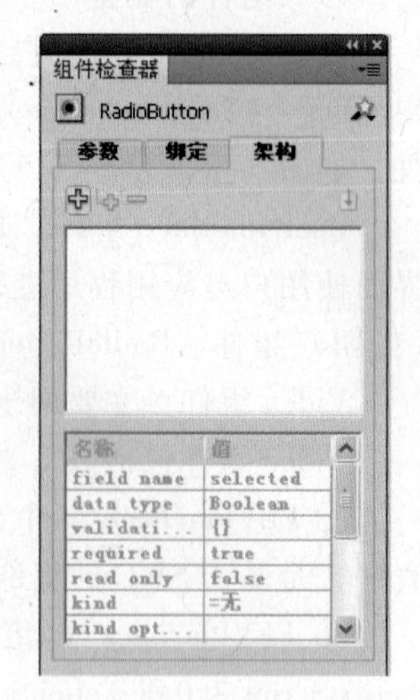

图 5-8 “RadioButton”组件的各项参数

①“enabled”参数：用来设定组件的可用性。在“组件检查器”面板的“enabled”参数选项上单击，对应的参数数值部分变为可编辑状态，如果需要改变参数值，可以单击下三角按钮，选择“true”或者“false”选项。如果选择“true”选项，则这个单选按钮在默认状态时是可用状态；如果选择“false”选项，则这个单选按钮在默认状态时是不可用的，它会显示灰色暗淡的状态。

②“groupName”参数：用来将多个单选按钮分组。因为是单选按钮，所以每一组的单选按钮同时只能有一个被选中。

③“label”参数：设置单选按钮上文本的值。在“组件检查器”面板的“label”参数选项上单击，对应的参数数值部分变为可以编辑状态，然后输入这个组件的标题，如输入“HELLO”，则 RadioButton 组件的标题会变为“HELLO”，如图 5-9 所示。

④“value”参数：用来保存一些与这个组件相关的数据。在实际使用中，可以通过组件对象的方法来获取参数值或者设置这个组件的参数值。

⑤“labelPlacement”参数：用来设定 RadioButton 组件标题在组件上的位置。在“组件检查器”面板的“labelPlacement”参数选项上单击，对应的参数数值部分变为可编辑状态，如果需要改变参数值，可以单击下三角按钮，选择“left”、“right”、“top 或者“bottom”选项。如果选择“right”选项，则这个单选按钮的标题将显示在右侧，如图 5-10 所示；如果选择“left”选项，则这个单选按钮的标题将在组件的左侧显示，如图 5-11 所示。

HELLO

图 5-9 修改 RadioButton 组件的标题

HELLO

图 5-10 标题在右侧显示

HELLO

图 5-11 标题在左侧显示

⑥“selected”参数：用来设定 RadioButton 组件初始的状态，即这个单选按钮是否被选中。在“组件检查器”面板的“selected”参数选项上单击，对应的参数数值部分变为可编辑状态。如果需要改变参数值，可以单击下三角按钮，选择“true”或者“false”选项。

⑦“visible”参数：用来设定组件的可见性。在“组件检查器”面板的“visible”参数选项上单击，对应的参数数值部分变为可编辑状态，如果需要改变参数值，可以单击下三角按钮，选择“true”，则这个单选按钮在默认状态时是可见的；如果选择“false”选项，则这个单选按钮在默认状态时是

不可见的、隐藏起来的。

(2) CheckBox (**复选框**)**组件**

将 CheckBox 组件拖到场景中，形成一个 CheckBox 组件实例。选中该实例，单击菜单“窗口”→“组件检查器”命令，打开“CheckBox”组件的“组件检查器”面板，如图 5-12 所示。

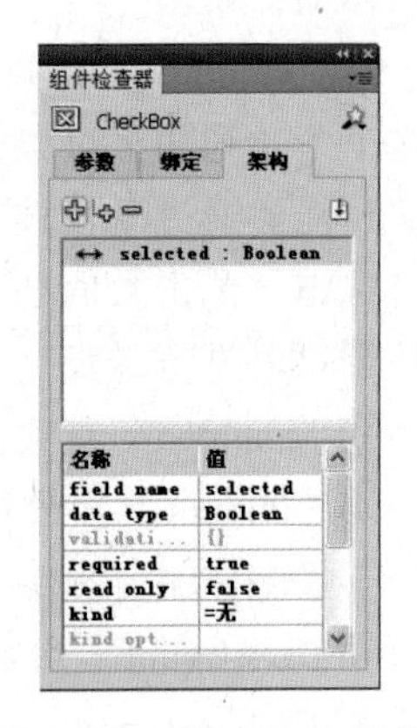

图 5-12　CheckBox 组件的各项参数

①“enabled”参数：用来设定组件的可用性。在“组件检查器”面板的“enabled”参数选项上单击，对应的参数数值部分变为可编辑状态，如果需要改变参数值，可以单击下三角按钮，选择“true”或者“false”选项。如果选择“true”选项，则这个单选按钮在默认状态时是可用状态；如果选择“false”选项，则这个单选按钮在默认状态时是不可用的，它会显示灰色暗淡的状态。

②“label”参数：设置复选框上的文本。

③“labelPlacement”参数：用来设定 RadioButton 组件标题在组件上的位置。

④“selected”参数：用来设定 RadioButton 组件初始的状态，即这个单选按钮是否被选中。

⑤“visible”参数：用来设定组件的可见性。

(3) ComboBox (**下拉列表框**)**组件**

将 ComboBox 组件拖到场景中，形成一个 ComboBox 组件实例。选中该实例，单击菜单“窗口”→“组件检查器”命令，打开 ComboBox 组件的“组件检查器”面板，如图 5-13 所示。

①“dataProvider”参数：用来设置下拉列表项的内容。在“组件检查器”面板的“dataProvider”参数选项上单击，对应的参数数值部分变为可编辑状态，进入如图 5-14 所示的“值”面板，利用该面板可以设置下拉选项。

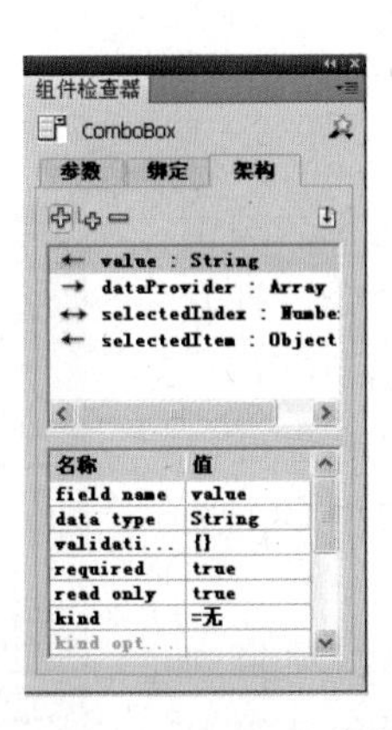

图 5-13　ComboBox 组件的各项参数

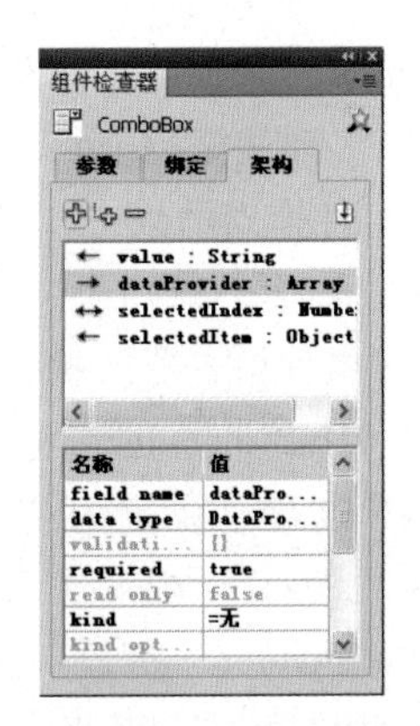

图 5-14　“值”面板

单击“值”面板中的“×”按钮，添加一个数值选项，然后在数值列中，可以输入这个下拉选项的标题。如果需要再添加一个下拉选项，可以再单击“×”按钮。

选中一个下拉选项，然后单击“-”按钮，可以去掉该下拉选项。

选中一个下拉选项，然后单击“↓”按钮，可以使这个下拉选项在下拉列表中向下移动；单击“↑”按钮，可使这个下拉选项在下拉列表中向上移动。

②“editable”参数：用来设定下拉列表框是否可以被编辑，如果可以被编辑，则这个下拉列表框可以像文本框一样，输入字符；如果不可以被编辑，则这个下拉列表框只能够通过下拉选项来选择值。单击“editable”参数，使参数数值部分变为可编辑状态。单击数值部分，选择“false”或者“true”选项，可以设定这个下拉列表框是否可以进行编辑。

③“enabled”参数：指示组件是否可以接收焦点和输入，即设定组件的可用性。

④“prompt”参数：设置 ComboBox 组件开始显示时的初始内容。

⑤“restrict”参数：指示用户可在组合框的文本字段中输入的字符集。

⑥“rowCount”参数：用来设定下拉列表框中最多能显示的下拉选项，如果下拉选项多于“rowCount”参数设定的数量，则下拉列表框将会出现滚动条，在下拉列表框中只显示“rowCount”参数设定数量的下拉选项。

⑦“visible”参数：用来设定组件的可见性。

(4) Button（**按钮**）**组件**

将 Button 组件拖到场景中，形成一个 Button 组件实例。选中该实例，单击菜单“窗口”→“组件检查器”命令，打开 Button 组件的“组件检查器”面板，如图 5-15 所示。

①“emphasized”参数：设置当按钮处于弹起状态时，组件周围是否绘有边框。

②“enabled”参数：指示组件是否可以接收焦点和输入，即设定组件的可用性。

③“label”参数：设置按钮上文本的值。

④“labelPlacement”参数：用来设定 Button 组件标题在组件上的位置。

⑤“selected”参数：用来设定 Button 组件初始的状态，即这个按钮是否被选中。

⑥“toggle”参数：将按钮转变为切换开关。如果值为“true”，则按钮在单击后保持按下状态，并在再次单击时返回到弹起状态。如果值为“false”，则按钮行为与一般按钮相同。默认值为“false”。

⑦“visible”参数：用来设定组件的可见性。

(5) List（**列表框**）**组件**

将 List 组件拖到场景中，形成一个 List 组件实例。选中该实例，单击菜单“窗口”→“组件检查器”命令，打开 List 组件的“组件检查器”面板，如图 5-15 所示。

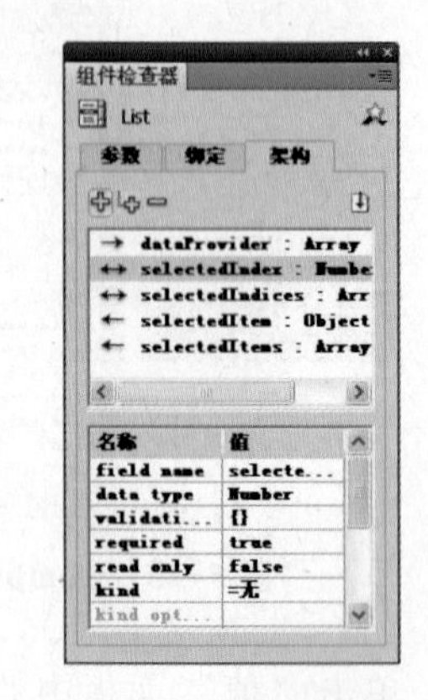

图 5-15 List 组件的各项参数

①“allowMultipleSelection”参数：用来设定是否可以同时选中多个选项，设定为“true”，则可同时选中多个选项；设定为“false”，则一次只能选中一个选项。

②“dataProvider”参数：用来设置下拉列表的项目内容，在“组件检查器”面板的“dateProvider”参数选项上单击，对应的参数数值部分变为可编辑状态，也可调出“值”面板，“值”的编辑跟前面 ComboBox 组件的“值”的编辑操作相似。

③“enabled”参数：用来设定组件的可用性。

④“horizontalLineScrollSize”参数：每次单击箭头按钮时水平卷轴移动的单位数，默认为4。

⑤“horizontalPageScrollSize”参数：单击水平卷轴中的轨道时水平卷轴移动的单位数。

⑥“horizontalScrollPolicy”参数：显示水平卷轴，可以是“on”（显示）、“off”（不显示）或“auto”（自动），默认值为“auto”。

⑦“verticalLineScrollSize”参数：每次单击箭头按钮时垂直卷轴移动的单位数，默认值为4。

⑧“verticalPageScrollSize”参数：单击垂直卷轴中的轨道时垂直卷轴移动的单位数。

⑨“verticalScrollPolicy”参数：显示垂直卷轴，可以是“on”、“off”或“auto”，默认值为“auto”。

⑩“visible”参数：用来设定组件的可见性。

拓展训练——制作计算器

1. 设计目标

通过制作具有加减运算功能的“简单计算器”，运用前面所学TextInput组件、TextArea组件、RadioButton组件和Button组件的使用方法，以进一步熟练掌握使用组件的操作方法。

2. 设计思路

① 制作计算器的界面。
② 设置组件实例的名称和参数。
③ 对应的组件编写动作脚本代码。

3. 操作步骤

<table>
<tr>
<td>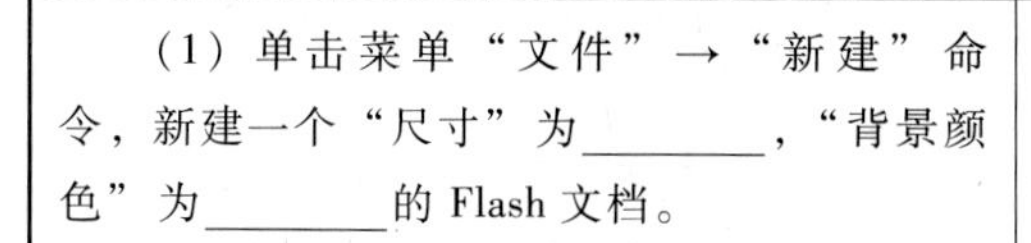（1）单击菜单“文件”→“新建”命令，新建一个“尺寸”为________，“背景颜色”为________的Flash文档。</td>
<td>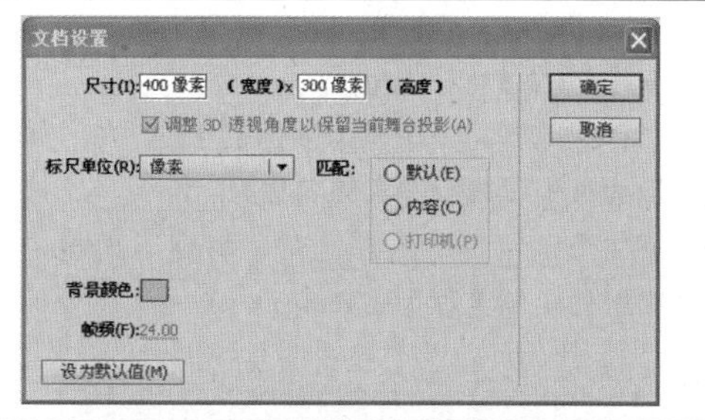
</td>
</tr>
<tr>
<td>（2）选择文本工具，打开其________面板，设置________为“宋体”，“大小”为“40”，“颜色”为黑色，在场景上方适当的位置输入文字“加减法计算器”。</td>
<td>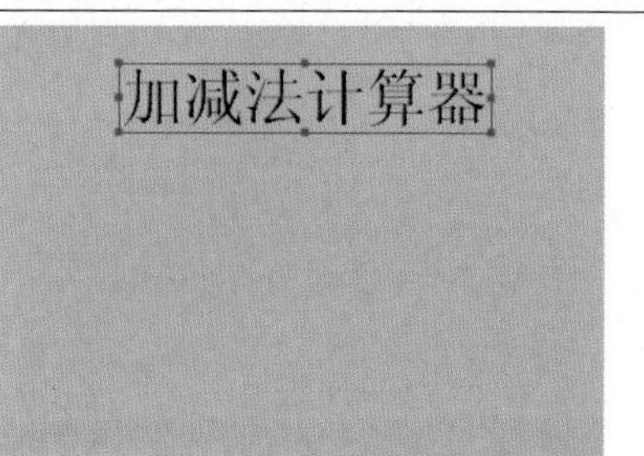
</td>
</tr>
</table>

（3）按________组合键打开“组件”面板，将 TextInput 组件 2 次拖到场景编辑区，从左到右摆放，然后拖________组件到场景编辑区，其中一个与 TextInput 组件平行，另一个放在下面一行，调整大小，如右图所示。	
（4）按 Ctrl+F7 组合键打开“组件”面板，拖________组件到场景编辑区，拖 Button 组件到场景编辑区中，单击菜单“修改”→“变形”→“任意变形”命令，调整大小，如右图所示。	
（5）选择第一个 TextInput 组件，在“属性”面板中设置组件实例名称为________；选择第二个 TextInput 组件，在“属性”面板中设置组件________名称为“add2”。	
（6）选择第一个 TextInArea 组件，在“属性”面板中设置组件实例名称为________；选择第二个________组件，在“属性”面板中设置组件实例名称为“rem”。	

（7）选择第一个________组件，在“属性”面板中设置组件实例名称为“ad”，单击按钮进入“组件检查器”面板，设置“label”参数为________；选择第二个 RadioButton 组件，在“属性”面板中设置组件实例名称为“mu”，单击________按钮进入“组件检查器”面板，设置“label”参数为________。	
（8）选择 Button 组件，在“属性”面板中设置组件实例名称为“cmd”，单击________按钮进入“组件检查器”面板，设置“label”参数为“=”。	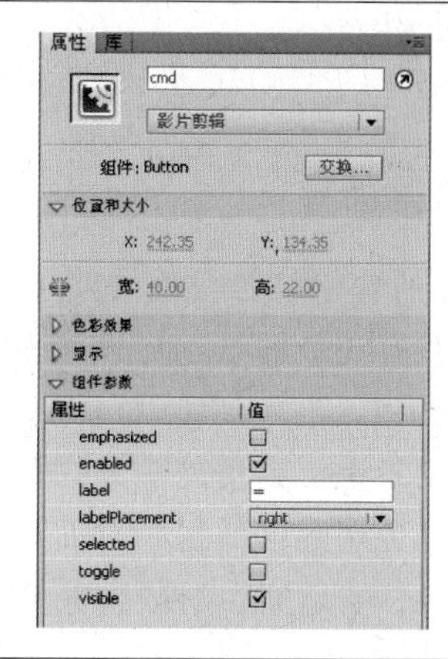

（9）在“时间轴”面板上，单击“新建图层”按钮，新建“图层 2”。选择“图层 2”的第 1 帧，按________键打开“动作”面板，输入代码，如右图所示。	1 stop()
	2 cmd.addEventListener(MouseEvent.CLICK,okfun);//定义一个函数
	3 function okfun(evt){
	4 if(ad.selected==true){
	5 result.text=String(Number(add1.text)+Number(add2.text));
	6 //进行加法运算，注意设置类型转换，文本框属于字符型
	7 rem.text="正在做加法";
	8 }
	9 else
	10 {
	11 result.text=String(Number(add1.text)-Number(add2.text));
	12 //进行减法运算，注意设置类型转换，文本框属于字符型
	13 rem.text="正在做减法";
	14 }
	15 }

（10）按________组合键测试动画，观看效果，保存文件。	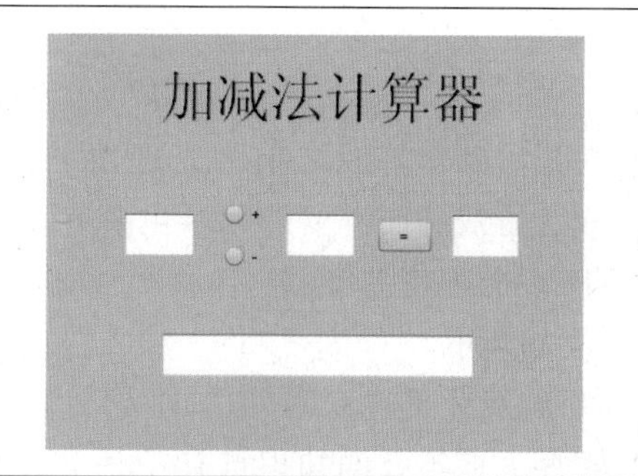

项目 6 游戏制作

项目描述

1. 项目简介

“红兔捕食记”是一款类似于射击类的游戏，按照游戏的分类，它属于反应类游戏。本游戏有 3 个场景：导入场景、游戏场景、结束场景。玩家通过单击主场景的“PLAY”按钮，进入到游戏场景，最后在结束场景中将会显示成绩和成功与否。其中在游戏场景中，主角是一只红兔，由玩家通过键盘的上、下方向键来控制它的上下移动，当红兔用嘴巴捕捉到对面滚来的胡萝卜，则计分，1 个胡萝卜计 1 分。游戏总共限时 20 s，若玩家在时限内完成 10 个胡萝卜的捕捉，则成功；否则，失败。

2. 项目要求

本项目的实现分为 4 个子任务：

① 制作游戏框架。

② 制作开始场景、游戏场景、结束场景。

③ 制作游戏角色。

④ 添加得分、计时、声音。

3. 实现构想

在开始制作游戏之前，先理清一下思路。首先，游戏程序是在 ActionScript 3.0 中完成，游戏画面需要的元素主要有 3 个：

① 一个游戏主角。

② 胡萝卜。

③ 游戏背景。

程序方面涉及的知识点有：

① 通过响应鼠标单击事件进入游戏场景。

② 通过响应键盘按键控制物体。

③ 产生随机数 random 来控制胡萝卜的随机位置，以及 floor 和 random 共同控制

产生的个数。

④ 捕食到胡萝卜的判断方法。

⑤ 定时器，检查游戏开始和结束。

在具体制作游戏之前，先来感受一下整个游戏，如图 6-1 所示。

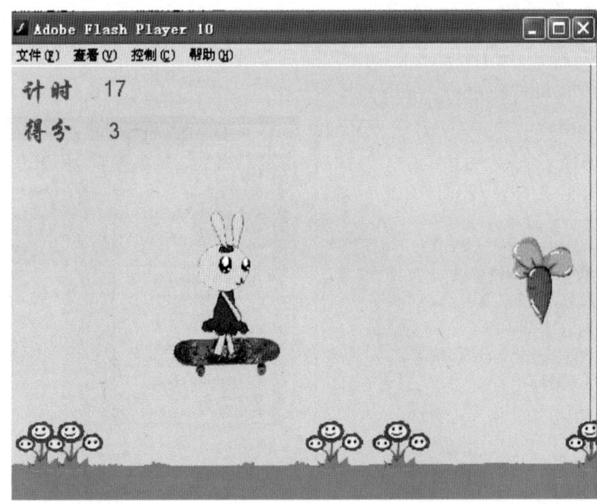

图 6-1 红兔捕食记

这个游戏是如何实现的？下面就按照步骤一步一步完成制作，并在这一过程中学习相关的知识。

任务一——制作游戏框架

（1）打开 Flash CS5 软件，新建 ActionScript 3.0 文档，单击“确定”按钮，在“文件”→“另存为”中，将文件名改为：红兔捕食记 . fla。

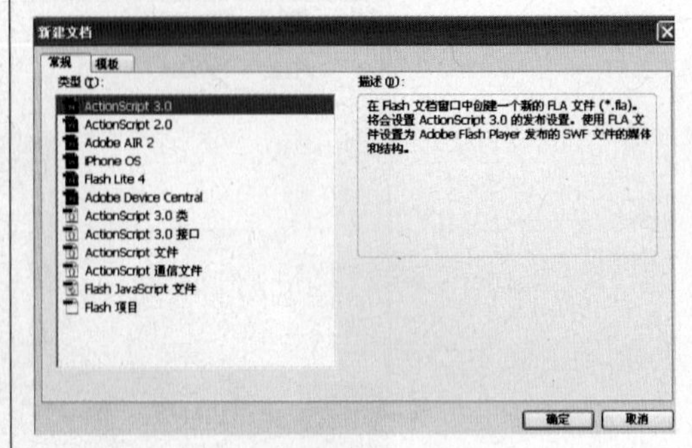

（2）将“场景 1”中的“图层 1”改名为“AS”，单击第一帧右键，选择“动作”，添加一个跟踪游戏状态的函数，代码如下：

```
//跟踪游戏状态函数
function gameLoop(event:Event):void
{   switch(gameState)
    {case INIT_GAME:
        initGame();
     break;
     case START_PLAYER:
        startPlayer();
     break;
     case PLAY_GAME:
        playGame();
     break;
     case END_GAME:
        endGame();
     break;
}}
```

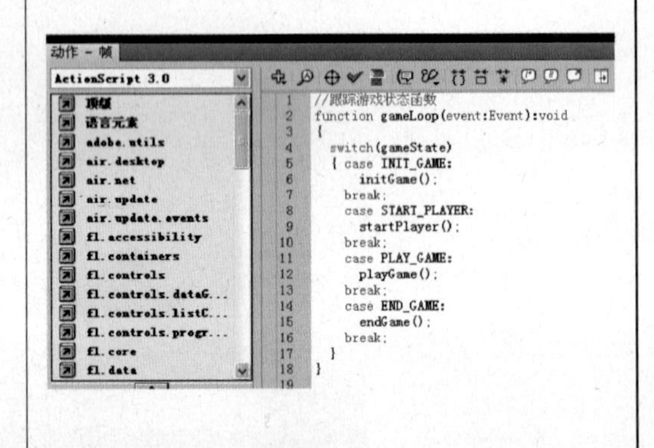

（3）在代码中继续定义 4 个函数 initGame()、startPlayer()、playGame()、endGame()，代码如下：

```
function initGame (): void {
}
function startPlayer (): void {
}
function playGame (): void {
}
function endGame (): void {
}
```

```
20 //初始化游戏函数
21 function initGame():void{
22
23 }
24 //建立游戏角色函数
25 function startPlayer():void{
26
27 }
28 //玩游戏函数
29 function playGame():void{
30
31 }
32 //结束游戏函数
33 function endGame():void{
34
35 }
```


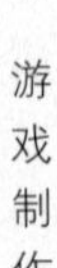

续表

(4) 定义游戏框架程序中所涉及的变量，在上述程序前添加如下代码： var INIT_GAME:String="INIT_GAME"; var START_PLAYER: String = "START_PLAYER"; var PLAY_GAME:String="PLAY_GAME"; var END_GAME:String="END_GAME"; var gameState:String;	1 //定义变量 2 var INIT_GAME:String="INIT_GAME"; 3 var START_PLAYER:String="START_PLAYER"; 4 var PLAY_GAME:String="PLAY_GAME"; 5 var END_GAME:String="END_GAME"; 6 var gameState:String;

(5) 添加如下代码并完善函数：
gameState=INIT_GAME;
trace(gameState);
stage. addEventListener (Event. ENTER_FRAME,gameLoop);
function initGame():void{
gameState=START_PLAYER;
trace(gameState);
}
function startPlayer():void{
gameState=PLAY_GAME;
trace(gameState);
}
function playGame():void{
gameState=END_GAME;
trace(gameState);
}
function endGame():void{
}
	gameState=INIT_GAME;//将初始状态赋值给gameState
	trace(gameState);//输出游戏状态
	//舞台侦听事件，并调用gameLoop函数
	stage.addEventListener(Event.ENTER_FRAME,gameLoop);
	
	//初始化游戏函数
	function initGame():void{
	gameState=START_PLAYER;
	trace(gameState);
	}
	//建立游戏角色函数
	function startPlayer():void{
	gameState=PLAY_GAME;
	trace(gameState);
	}
	//玩游戏函数
	function playGame():void{
	gameState=END_GAME;
	trace(gameState);
	}
	//结束游戏函数
	function endGame():void{
	
	}

(6) 测试，在输出窗口将会出现如右图所示的字符，游戏框架设计成功。	时间轴 输出 编译器错误 动画编辑器 INIT_GAME START_PLAYER PLAY_GAME END_GAME

任务二——制作开始场景、游戏场景、结束场景

1. 制作开始场景

(1) 选择“文件”→“导入”→“导入到库”，将以前做好的“街道.swf”文件导入到库面板中，如右图所示。	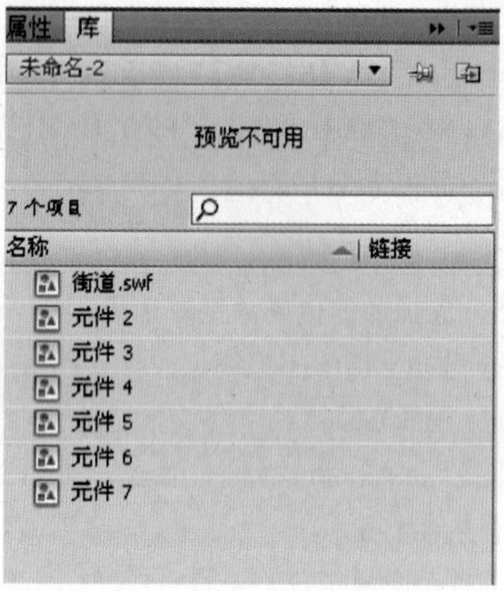
(2) 在任何一个元件上右击，选择“移至...”	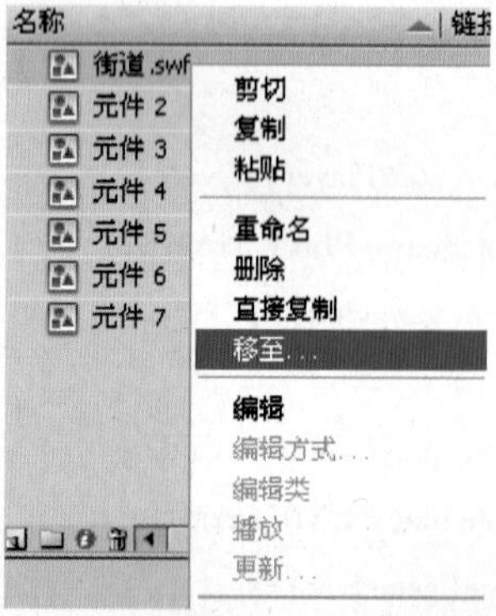
(3) 在弹出的界面中，将新建文件夹改名为“开始背景”，并单击“选择”按钮。	
(4) 将其他元件都移到“开始背景”文件夹中。	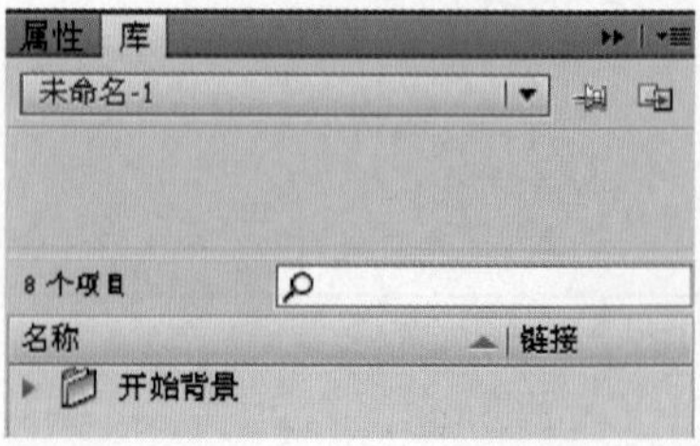

（5）新建一个按钮元件，命名为“play”，制作一个按钮如右图所示，同时，可以将4种状态下的“PLAY”按钮进行调整改变。	
（6）新建影片剪辑元件，命名为“开始场景”，并将库面板中的“街道.swf”拖到元件场景中，调整大小为550像素×350像素，并将所在图层改名为“背景”，如右图所示。	
（7）新建“图层2”，改名为“按钮”，将“PLAY”按钮拖到该图层的第一帧，并在“属性”面板中将其实例名称改为“play_btn”，如右图所示。	
（8）新建“图层3”，改名为“文本”，输入“红兔捕食记”，并适当调整字体、格式和填充，如右图所示。	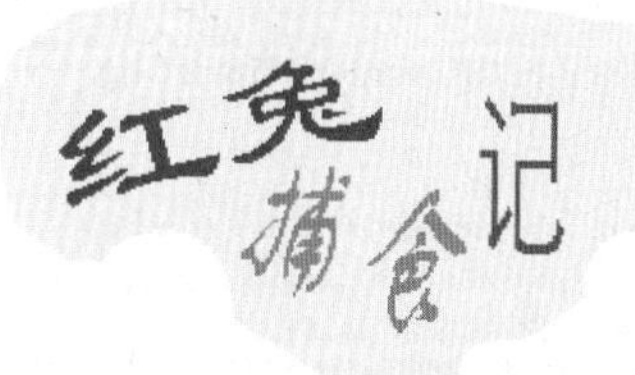

<table>
<tr>
<td>（9）新建“图层 4”，改名为：底色，调整为最后一个图层，用矩形工具制作一个天蓝色的矩形，大小为 600 像素×500 像素，居中对齐。</td>
<td>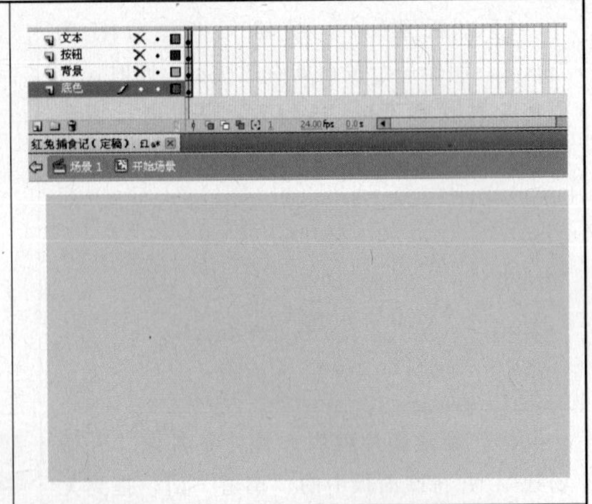
</td>
</tr>
<tr>
<td>（10）最后制作好的“开始场景”元件如右图所示。</td>
<td>
</td>
</tr>
<tr>
<td>（11）回到“场景 1”中，新建图层，改名为“开始场景”，将制作好的“开始场景”影片剪辑元件拖入第一帧，居中对齐。在“属性”面板中，将其实例名称改为“introScreen”。</td>
<td>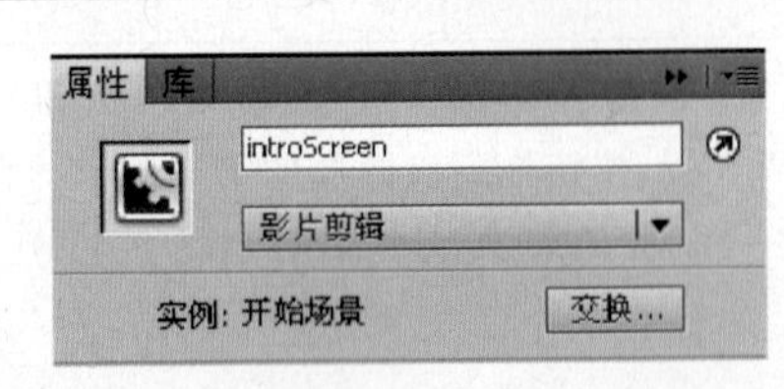
</td>
</tr>
<tr>
<td>（12）在 ActionScript 3.0 中输入如下代码：
introScreen.play_btn.addEventListener(MouseEvent.CLICK,clickAway);
function clickAway(event:MouseEvent):void
{
moveScreenOff(introScreen);
}
function
moveScreenOff(screen:MovieClip):void
{
screen.x=(screen.width) * -1;
}
测试，单击“play”按钮后，场景消失。</td>
<td>8
9 //相应鼠标单击事件
10 introScreen.play_btn.addEventListener(MouseEvent.CLICK,clickAway);
11 //单击按钮函数
12 function clickAway(event:MouseEvent):void
13 {   //调用moveScreenOff（）函数
14   moveScreenOff(introScreen);
15 }
16 //影片移除函数
17 function moveScreenOff(screen:MovieClip):void
18 {   //影片移除
19   screen.x=(screen.width)*-1;
20 }
21</td>
</tr>
</table>

（13）将任务一中涉及的如下代码： gameState = INIT_ GAME；//将初始状态赋值给 gameState trace（gameState）；//输出游戏状态 //舞台侦听事件，并调用 gameLoop 函数 stage. addEventListener (Event. ENTER _ FRAME, gameLoop)； 添加到 function moveScreenOff（）函数中，如右图所示。	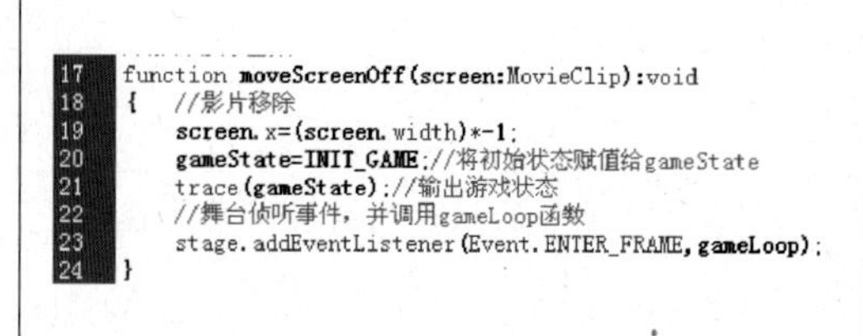

2. 制作游戏场景

（1）同样将“草地 . gif”导入库中，新建一个名为“游戏场景”的元件，将图片拖入“图层 1”的第一帧，将“图层 1”改名为“草地”，并且居中对齐。	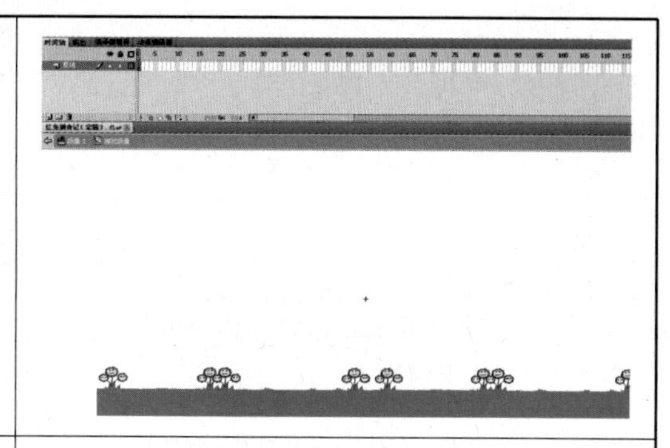
（2）在库面板中，右击“游戏场景”元件，选择“属性”。	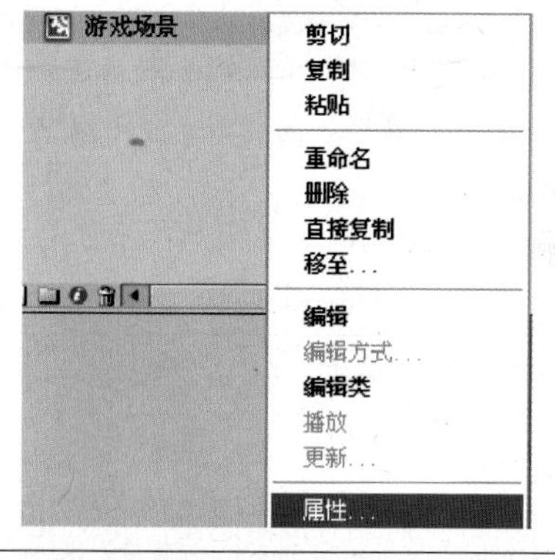
（3）在弹出的“元件属性”面板中进行设置如右图所示，并单击“确定”按钮。	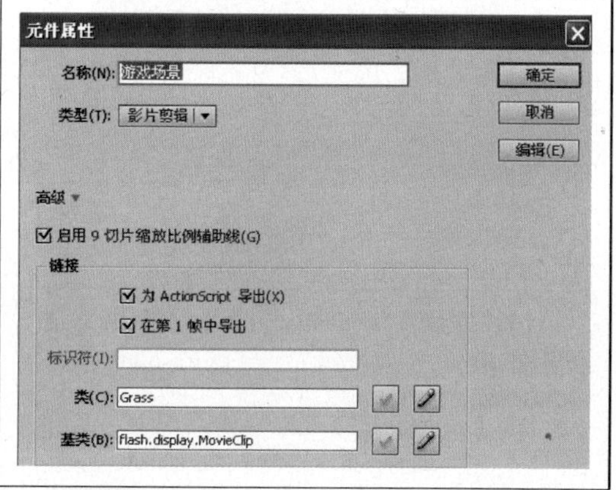

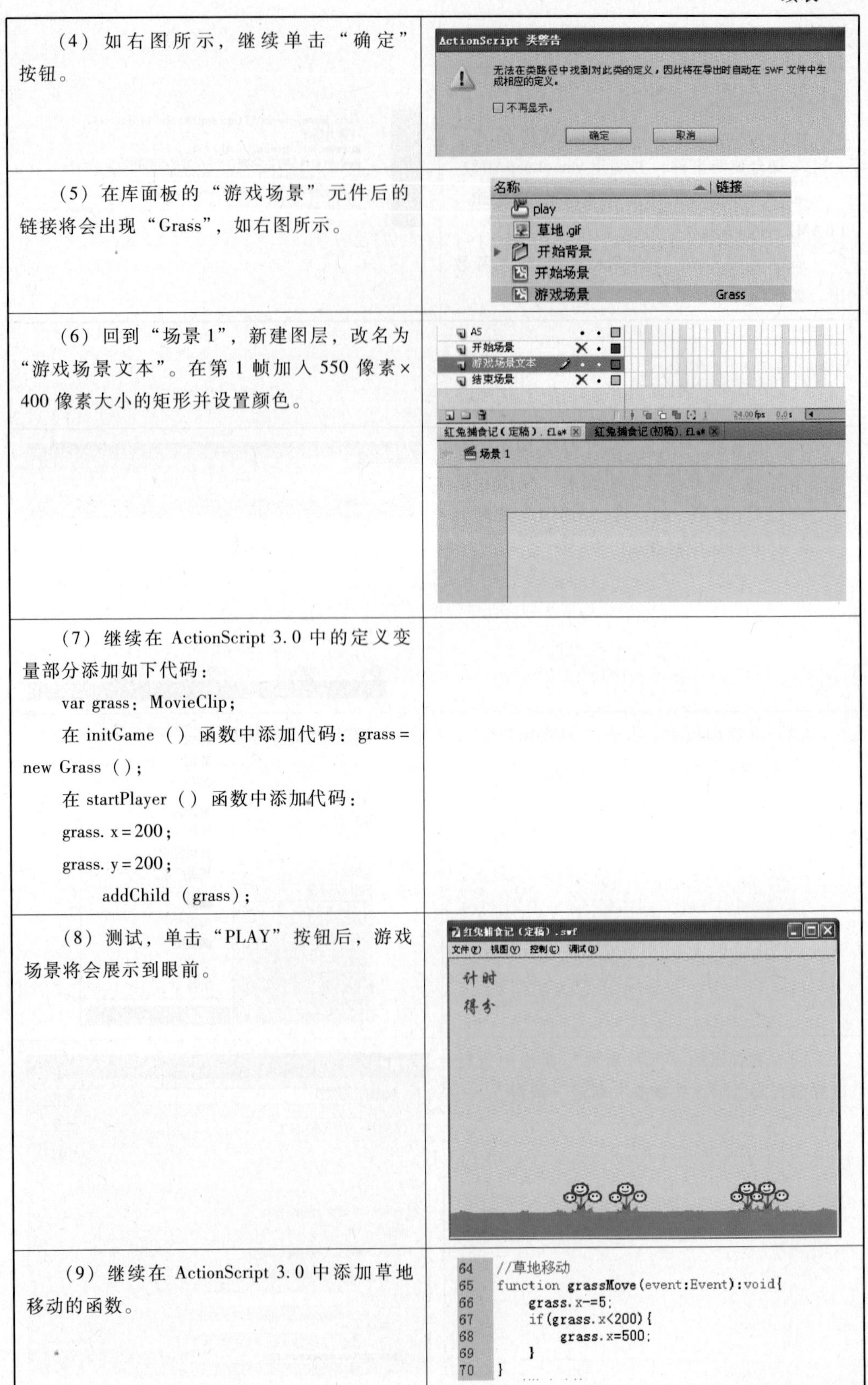

操作步骤	图示
（4）如右图所示，继续单击“确定”按钮。	
（5）在库面板的“游戏场景”元件后的链接将会出现“Grass”，如右图所示。	
（6）回到“场景 1”，新建图层，改名为“游戏场景文本”。在第 1 帧加入 550 像素×400 像素大小的矩形并设置颜色。	
（7）继续在 ActionScript 3.0 中的定义变量部分添加如下代码： var grass：MovieClip； 在 initGame（）函数中添加代码：grass = new Grass（）； 在 startPlayer（）函数中添加代码： grass. x = 200； grass. y = 200； addChild（grass）；	
（8）测试，单击“PLAY”按钮后，游戏场景将会展示到眼前。	
（9）继续在 ActionScript 3.0 中添加草地移动的函数。	

续表

（10）完善 startPlayer（）函数，如右图所示。	56 function startPlayer():void{ 57 grass.x=200; 58 grass.y=200; 59 addChild(grass); 60 addEventListener(Event.ENTER_FRAME,grassMove); 61 gameState=PLAY_GAME; 62 trace(gameState); 63 }
（11）测试，草地将会移动	

3. 制作结束场景

（1）新建“结束场景”影片剪辑元件，将“图层 1”改名为“底色”。在第一帧制作一个矩形，大小为 550 像素×400 像素，中部居中，设置颜色。	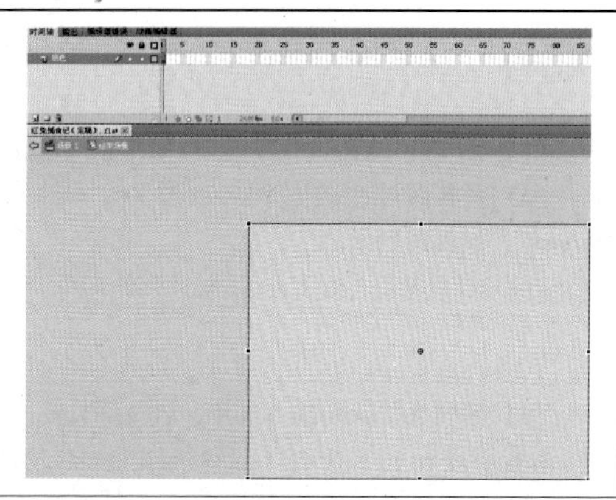
（2）新建“图层 2”，改名为“文本”，在第一帧加入“最后得分”文本，并添加相应的动态文本，取名为“endscore_txt”。	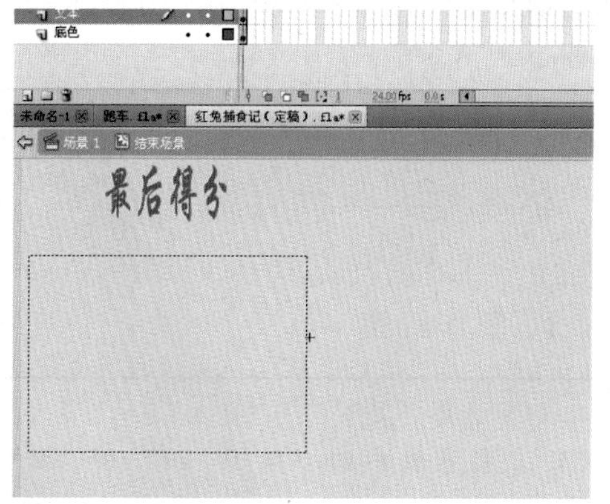
（3）新建“图层 3”，改名为“图片”，将库面板中的“街道.swf”拖入其中。	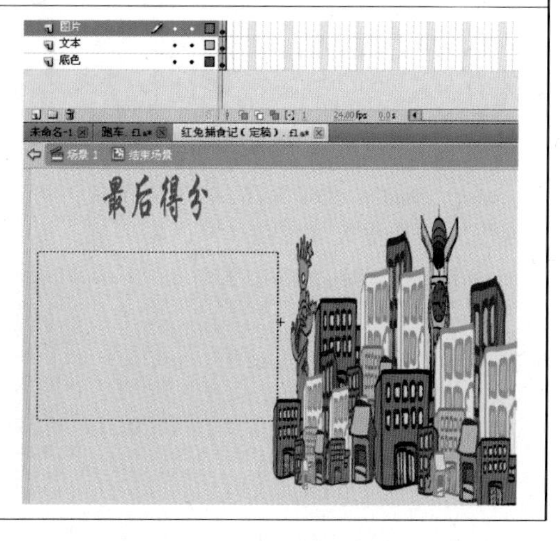

（4）在“场景 1”中，新建图层，命名为“结束场景”，将制作好的“结束场景”元件拖入第 1 帧。	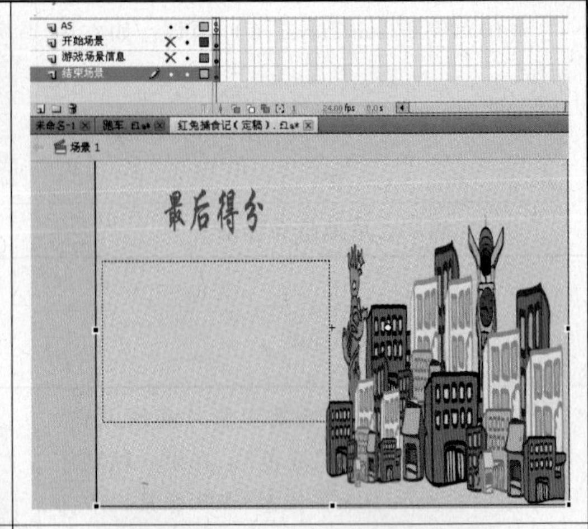
（5）将其属性中的实例名称改为“endScreen”，如右图所示。	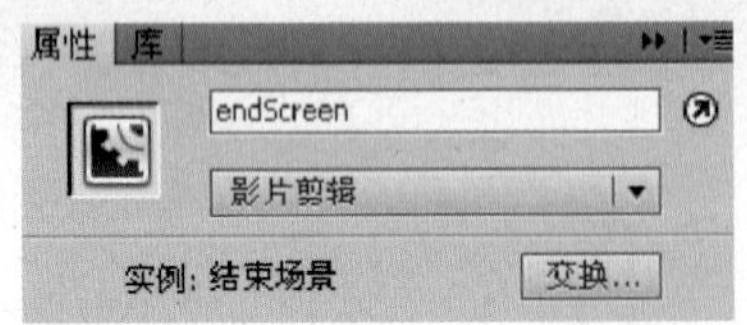

（6）回到 ActionScript 3.0 中，在 endGame() 函数中添加如下代码：endScreen. replay_btn. addEventListener(MouseEvent. CLICK, clickAway)；	//结束游戏函数
	function endGame():void{
	endScreen.replay_btn.addEventListener(MouseEvent.CLICK,clickAway);
	}

任务三——制作游戏角色

1. 制作红兔

（1）选择“文件”→“导入”→“导入到库”，将素材中的“兔子 .gif”和“滑板 .gif”导入库中。	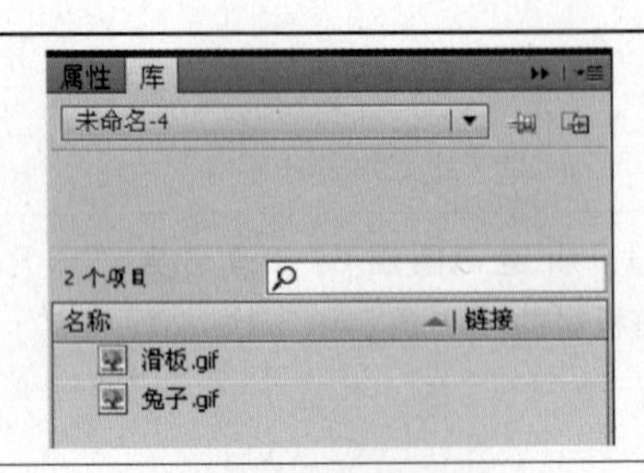
（2）新建“兔子”影片剪辑元件，将“兔子”图片拖入“图层 1”的第一帧，按 Ctrl+B 键分离图片。	

（3）用套索工具的“魔术棒”单击兔子以外的阴影，再按 Delete 键，使兔子分离出来。	
（4）同样，新建“滑板”影片剪辑元件，将滑板从图片中分离出来。	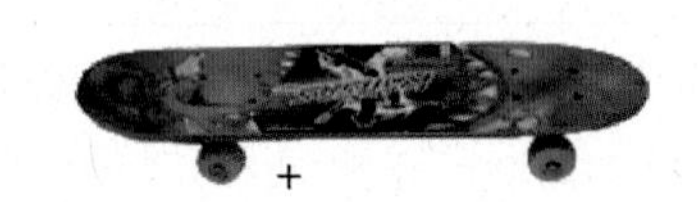
（5）新建“兔子和滑板”影片剪辑元件，让兔子中部居中，并给兔子和滑板添加动画补间，让其略有上下浮动的效果。	 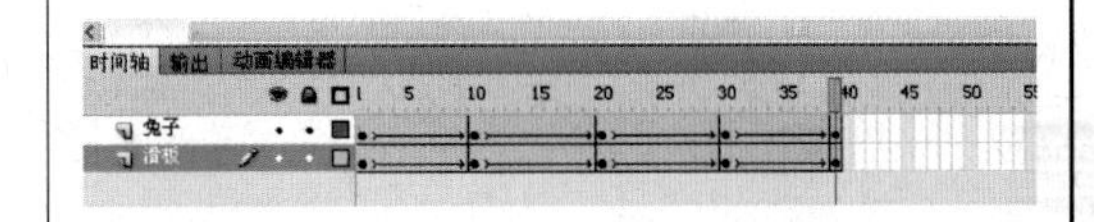
（6）右击库中的“兔子和滑板”元件，选择“属性”，出现“元件属性”面板。	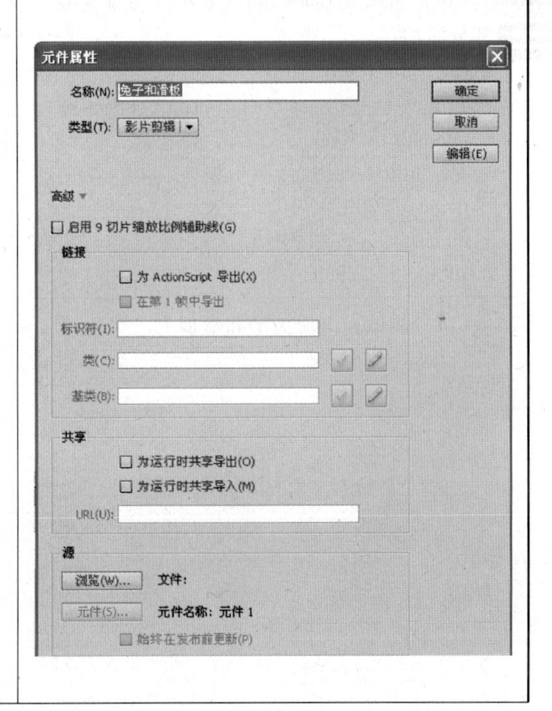

（7）在“元件属性”面板的在“链接”中，单击“为 ActionScript 导出”，同时“在第 1 帧中导出”也将默认选中，将“类”取名为“Rabbit”，并单击“确定”按钮。	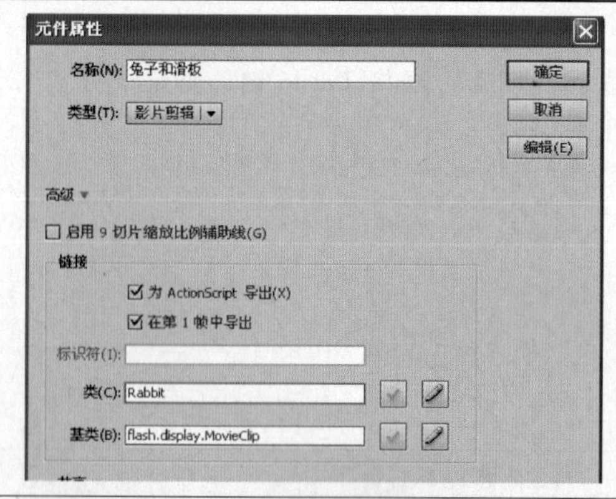
（8）如右图所示，单击“确定”按钮。	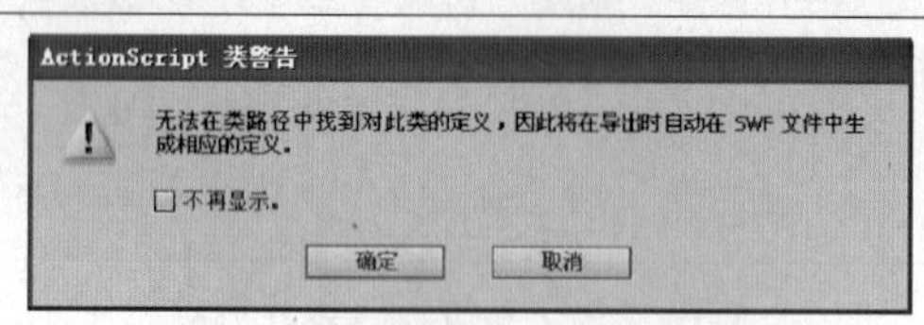
（9）此时，库面板中的“兔子和滑板”元件后将会出现“Rabbit”。	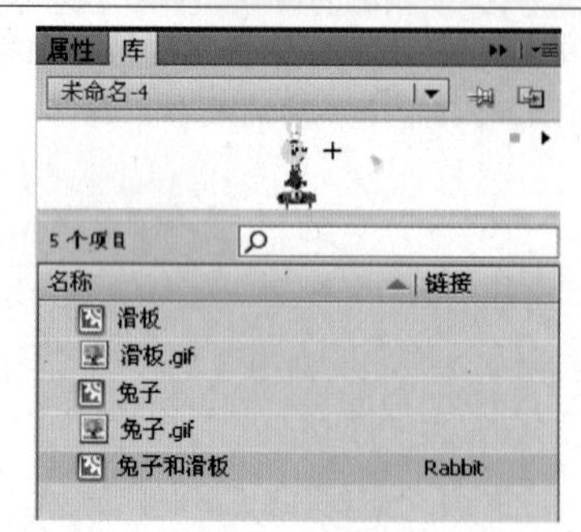

（10）回到 ActionScript 3.0 中，在定义变量部分添加：
var rabbit: MovieClip;
在 initGame（）函数中添加：
rabbit = new Rabbit（）;
在 startPlayer（）函数中添加：
rabbit. y = 200;
rabbit. x = 200;
addChild（rabbit）;
	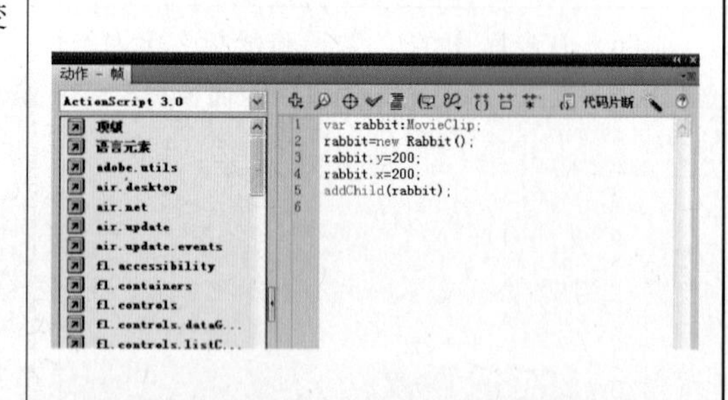

（11）测试，出现兔子和滑板。	

<table>
<tr>
<td>（12）继续添加键盘控制兔子上下移动的函数代码：
function moveRabbit(event:KeyboardEvent):void
{
switch(event. keyCode)
{
case Keyboard. UP:
rabbit. y-=50;
if(rabbit. y<=80)
{rabbit. y=80;
}
break;
case Keyboard. DOWN:
rabbit. y+=50;
if(rabbit. y>=320)
{rabbit. y=320;}
break;
default:
break;
}
}</td>
<td>//键盘控制兔子移动
function moveRabbit(event:KeyboardEvent):void
{
switch (event.keyCode)
{
case Keyboard.UP :
rabbit.y -= 50;
if (rabbit.y <= 80)
{
rabbit.y = 80;
}
break;
case Keyboard.DOWN :
rabbit.y += 50;
if (rabbit.y >= 320)
{
rabbit.y = 320;
}
break;
default :
break;
}
}</td>
</tr>
<tr>
<td>（13）在 startPlayer（）函数中添加如下代码，以便调用兔子移动函数：
addEventListener(KeyboardEvent. KEY_DOWN. ,moveRabbit);</td>
<td></td>
</tr>
<tr>
<td>（14）测试。</td>
<td></td>
</tr>
</table>

2. 制作胡萝卜

<table>
<tr>
<td>（1）同前，将素材中的“胡萝卜 .gif”导入库中，并将“胡萝卜”分离出来，新建“胡萝卜”影片剪辑元件。</td>
<td>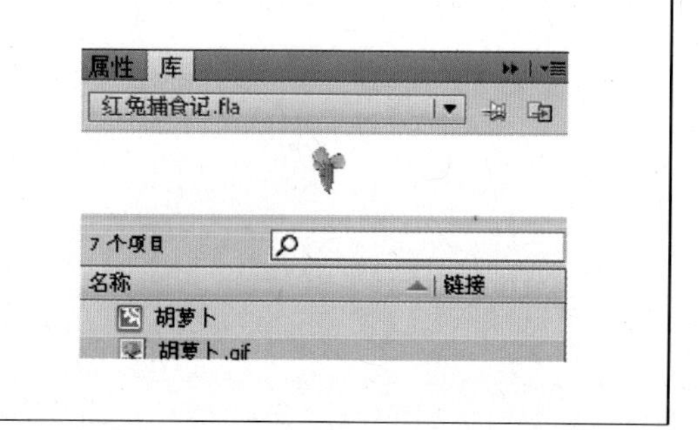
</td>
</tr>
</table>

<table>
<tr><td>（2）在“图层 1”中的第一帧放入“胡萝卜.gif”，中部居中，第 3 帧将胡萝卜图片水平翻转，第 5 帧的图片跟第 1 帧相同，添加补间动画。这样就制作了一个胡萝卜滚动的效果。</td><td>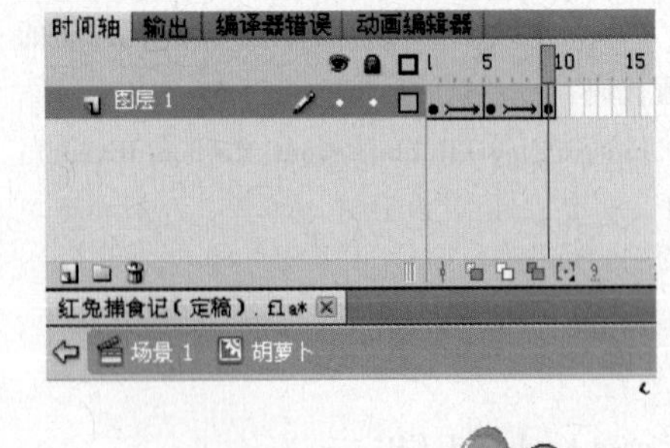

</td></tr>
<tr><td>（3）在其“元件属性”中，将类取名为：“Carrot”。</td><td>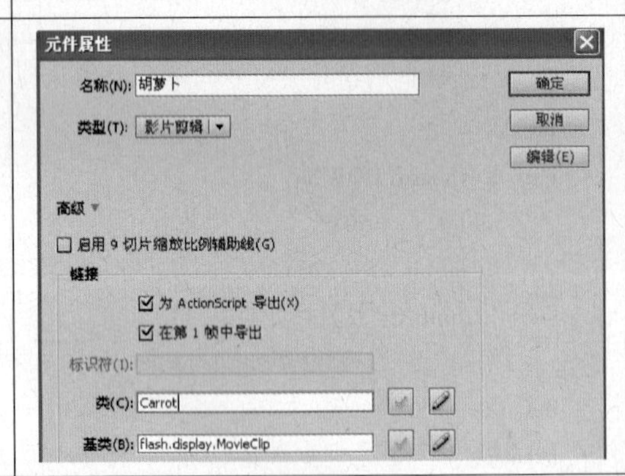
</td></tr>
<tr><td>（4）在 ActionScript 3.0 中添加出现胡萝卜的函数代码：
<pre>function makeCarrots (): void {
    var tempCarrot: MovieClip;
    tempCarrot=new Carrot ();
    tempCarrot.x=550;
    tempCarrot.y=200;
    addChild (tempCarrot);
}</pre></td><td><pre>//出现胡萝卜
function makeCarrots():void
{   var tempCarrot:MovieClip;
        tempCarrot=new Carrot();
        tempCarrot.x = 550;
        tempCarrot.y = 200;
        addChild(tempCarrot);

}</pre></td></tr>
<tr><td>（5）测试，在影片右边边缘处将会出现滚动的胡萝卜。</td><td>
</td></tr>
</table>

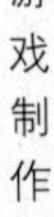

（6）在定义变量中添加如下代码： var carrots：Array; 在初始化游戏中添加如下代码： Carrots = new Array（）; 在出现胡萝卜函数中添加如下代码： Carrots. push（tempCarrot）; 并将该函数中的代码 tempCarrot. y = 200;改为 tempCarrot. y = Math. round(Math. random( ) * stage. stageHeight) ; 测试，将在右边边缘处出现一系列的滚动胡萝卜。	

（7）继续在出现胡萝卜函数中添加代码：
if(tempCarrot. y> = 400)
{
tempCarrot. y = 400;
}
else if(tempCarrot. y< = 0)
{
tempCarrot. y = 0;
}
	//让胡萝卜出现在（0，0)和（0,400）之间;
	if (tempCarrot.y >= 400)
	{
	tempCarrot.y = 400;
	}
	else if (tempCarrot.y<=0)
	{
	tempCarrot.y = 0;
	}

（8）在其中继续添加代码：
varchance:Number = Math. floor (Math. random( ) * 100) ;
if(chance< = 2)
{
}
完整代码如右图所示，并测试。
	//出现胡萝卜
	function makeCarrots():void
	{ //定义随机0-100之间的数字变量
	var chance:Number = Math.floor(Math.random() * 100);
	//如果数字小于或者等于2，则执行以下代码
	if (chance <= 2)
	{
	var tempCarrot:MovieClip;
	tempCarrot=new Carrot();
	tempCarrot.x = 550;
	//胡萝卜在y方向出现的范围是0到场景的高度之间
	tempCarrot.y = Math.round(Math.random() * stage.stageHeight);
	addChild(tempCarrot);
	carrots.push(tempCarrot);
	//让胡萝卜出现在（0，0)和（0,400）之间
	if (tempCarrot.y >= 400)
	{
	tempCarrot.y = 400;
	}
	else if (tempCarrot.y<=0)
	{
	tempCarrot.y = 0;
	}
	}
	}

（9）添加胡萝卜位移函数代码，以实现每个胡萝卜的位移：
function moveCarrot(e:Event) :void{
var tempCarrot:MovieClip;
for(var i:int = carrots. length-1;i> = 0;i--) {
tempCarrot = carrots[i] ;
tempCarrot. x- = 5;
}
}
	//胡萝卜位移
	function moveCarrot(e:Event):void{
	var tempCarrot:MovieClip;
	for(var i:int=carrots.length-1;i>=0;i--){
	tempCarrot=carrots[i];
	tempCarrot.x-=5;
	}
	}

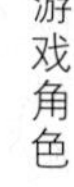

（10）在 makeCarrots（）函数中添加如下代码： addEventListener(Event.ENTER_FRAME, moveCarrot); 测试。	该语句将调用 moveCarrot（）函数。

3. 吃掉胡萝卜

（1）在 moveCarrot（）函数中添加 hitTestObject（）函数来检测兔子和胡萝卜的碰撞，继而胡萝卜消失，以实现吃掉胡萝卜的效果，语句如右图所示。	… if (rabbit.hitTestObject(tempCarrot) {removeCarrot(i); }

（2）添加代码：
function removeCarrot（idx：int）：void {
removeChild（carrots［idx］）；
carrots.splice（idx，1）；
}
	将吃掉的胡萝卜移除。

任务四——添加计时、得分、声音

1. 添加计时显示

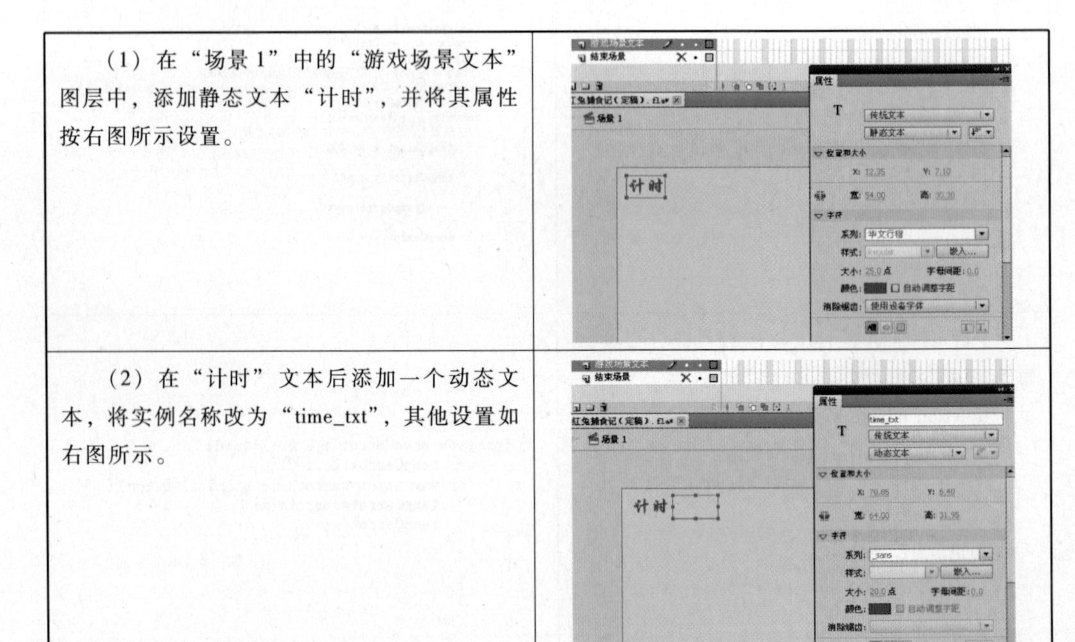

（1）在“场景1”中的“游戏场景文本”图层中，添加静态文本“计时”，并将其属性按右图所示设置。	
（2）在“计时”文本后添加一个动态文本，将实例名称改为“time_txt”，其他设置如右图所示。	

（3）添加计时代码：
var timecount:int=20;
var gameTimer:Timer=new Timer(1000);
gameTimer.addEventListener
(TimerEvent.TIMER,gameTimerHandler);
function gameTimerHandle (event: TimerEvent){
time_txt.text=String(timecount);
timecount--;
}
	var timecount:int=20;//临时计数变量
	var gameTimer:Timer=new Timer(1000);//1秒钟刷新一次
	//监听时间
	gameTimer.addEventListener(TimerEvent.TIMER,gameTimerHandler);
	//定义时间监听函数
	function gameTimerHandler(event:TimerEvent){
	time_txt.text=String(timecount);
	score_txt.text = String(score);
	timecount--;
	}

（4）在初始化游戏函数中添加代码：
gameTimer.start();
	//初始化游戏函数
	function initGame():void{
	//开始计时
	gameTimer.start();
	grass=new Grass();
	rabbit=new Rabbit();
	carrots=new Array();
	gameState=START_PLAYER;
	trace(gameState);
	}

（5）测试，计时显示。	红兔捕食记（定稿）.swf 文件(F) 视图(V) 控制(C) 调试(D) 计时 18

2. 添加得分显示

（1）同前，在“场景1”中的“游戏场景文本”图层中，添加静态文本“得分”和“计时”，以及相应的动态文本“score_txt”和“time_txt”。	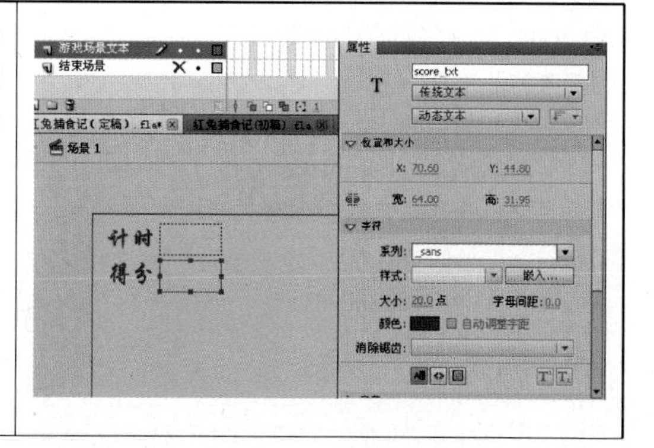

续表

（2）在 ActionScript 3.0 中的定义变量部分添加： var score：Number = 0；//得分变量初值为 0 var timecount：int=5；//临时计数变量	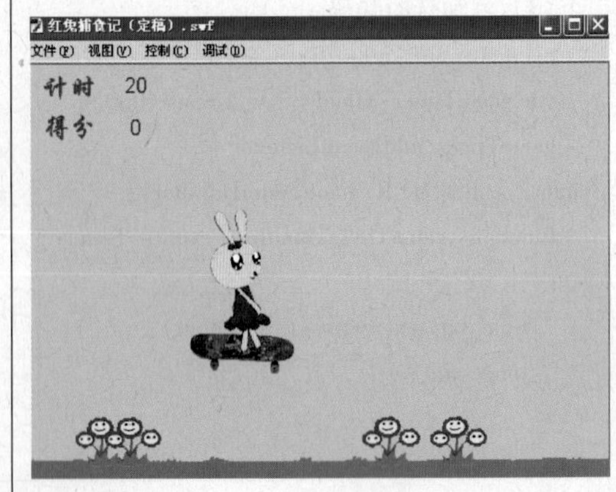

（3）添加代码：
gameTimer. addEventListener（TimerEvent. TIMER，gameTimerHandler）；
function gameTimerHandler（event：TimerEvent）{
playInfo. time_txt. text=String（timecount）；
playInfo. score_txt. text=String（score）；
timecount--；
}
	定义的 gameTimerHandler（）函数为时间监听函数。

（4）继续添加碰撞后的状态代码： score++； playInfo. score_ txt. text=String （score）；	每次碰撞一个胡萝卜，得分+1，并显示出来。

（5）判断游戏场景结束代码：
function testForEnd（）：void
{ if（score>=10&&timecount==0）{
gameTimer. stop（）；
gameState =END_GAME；
trace（gameState）；
endScreen. endscore _ txt. text = playInfo. score _ txt. text+"\n"+"Congratulations！"；
}
if（score<10&&timecount<0）{
gameTimer. stop（）；
gameState =END_GAME；
endScreen. endscore _ txt. text = playInfo. score _ txt. text+"\n"+"You failed！"；
trace（gameState）；
}
	定义一个 testForEnd（）函数用来判断如何结束游戏场景。

（6）完善结束游戏函数，如右图所示。	//结束游戏函数
	function endGame():void
	{
	    for (var i:int=carrots.length-1; i>=0; i--)
	    {
	        removeCarrot(i);
	    }
	    removeChild(rabbit);
	    removeChild(grass);
	    playInfo.visible = false;
	    endScreen.visible = true;
	    removeEventListener(Event.ENTER_FRAME,gameLoop);
	}

3. 添加声音

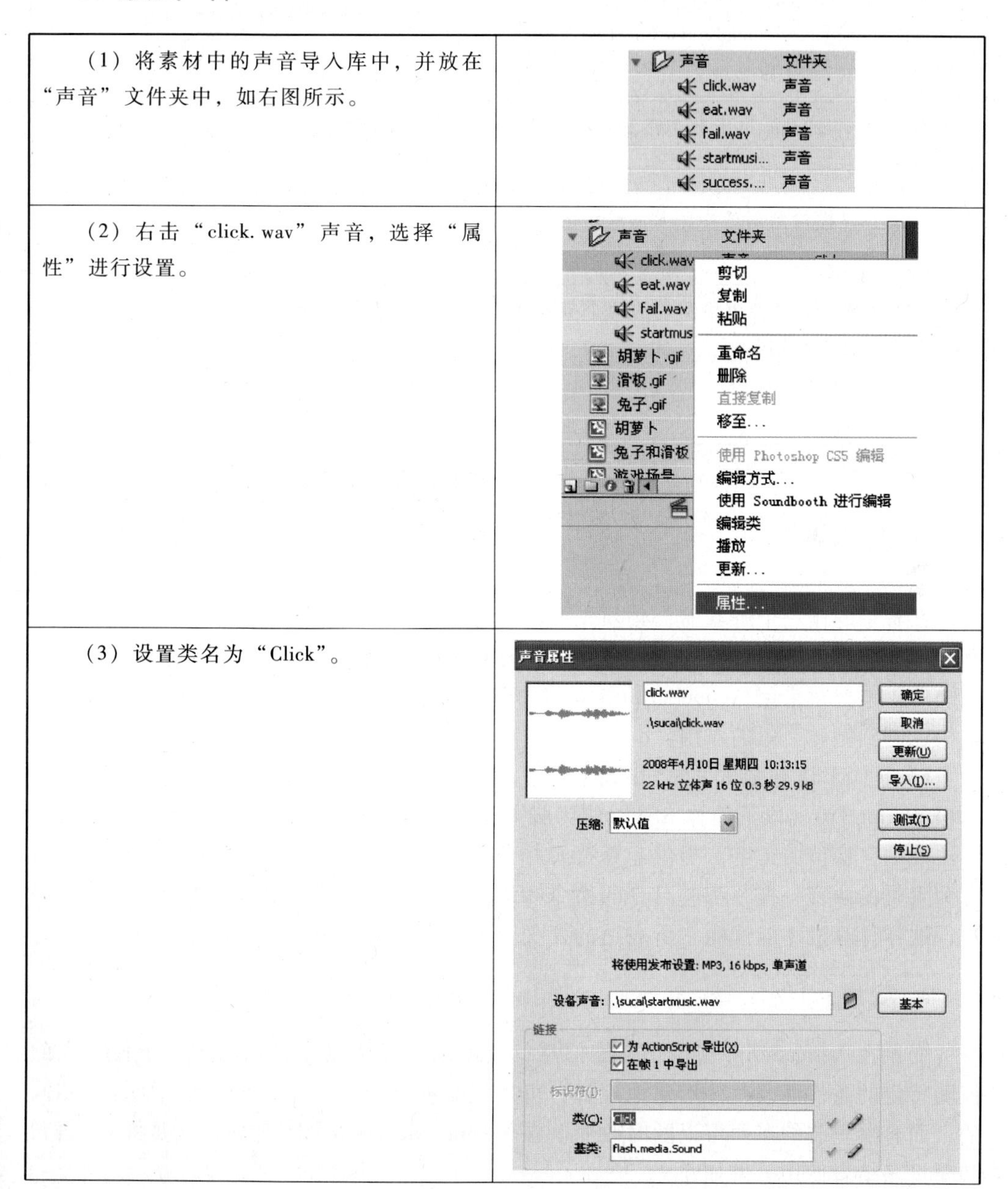

（1）将素材中的声音导入库中，并放在“声音”文件夹中，如右图所示。	
（2）右击“click. wav”声音，选择“属性”进行设置。	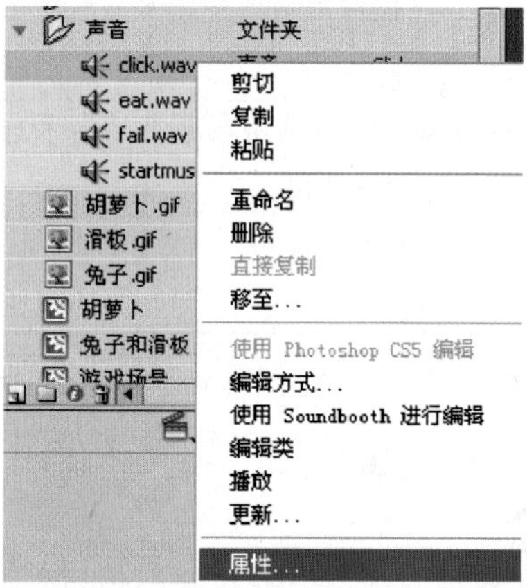
（3）设置类名为“Click”。	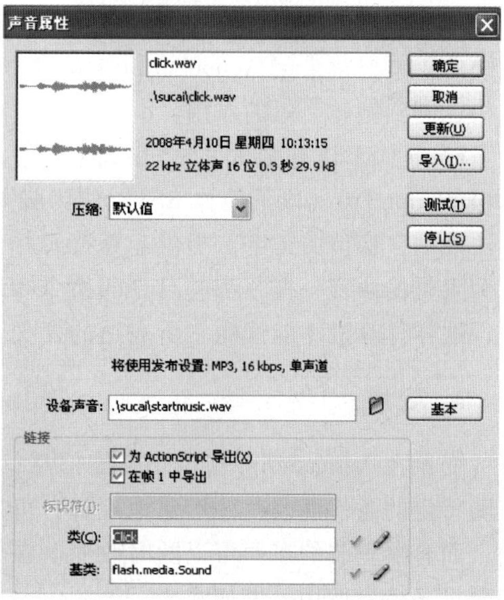

续表

(4) 同理，再将其他声音的“属性”依次设置类名为“Eat”、“Fail”、“Start”、“Success”。	声音 文件夹 click.wav 声音 Click eat.wav 声音 Eat fail.wav 声音 Fail startmusi... 声音 Start success.... 声音 Success

(5) 在 ActionScript3.0 中添加代码：
var soundStart:Sound=new Start();
var soundClick:Sound =new Click();
var soundEat:Sound =new Eat();
var soundFail:Sound =new Fail();
var soundSuccess:Sound=new Success();
soundStart. play();
	var soundStart:Sound=new Start();
	var soundClick:Sound=new Click();
	var soundFail:Sound=new Fail();
	var soundEat:Sound=new Eat();
	var soundSuccess:Sound=new Success();
	soundStart.play();

(6) 在 clickAway() 函数中添加：sound-Click. play();	
(7) 在碰撞检测函数中添加：soundEat. play();	

(8) 在游戏场景结束检测中的两个 if 函数中分别添加如下代码：
soundSuccess. play();
soundFail. play();	

知识要点

在着手制作一个游戏前，必须先要有一个大概的游戏规则或者方案，要做到心中有数，从整体上把握游戏的创建思路。同时掌握必要的脚本语言来编辑程序也是不可或缺的。本游戏采用 ActionScript 3.0 脚本语言制作，介绍一些常用的函数、方法和结构，起到抛砖引玉的作用。

Flash CS5 具有强大的交互式功能、编程功能以及处理图形图像的功能。而 ActionScript 3.0（以下简称 AS3）作为脚本撰写语言，有很好的优势，它遵循自己的语法规则，保留关键字，提供运算符，并且允许使用变量存储和获取信息。计算机语言和人类的语言一样，都有自己的指令和语法结构，在编写程序时必须按照其语法编写，这样计算机才能读懂它所表达的含义。下面介绍 AS3 脚本语言的基础知识。

1. 变量

变量在 ActionScript 中用于存储信息，它可以在保持原有名称的情况下使包含的值随特定的条件而改变。形象地理解，可以把变量想象成一个容器，容器本身是相同的，而容器里装的东西可以随时改变。在 ActionScript 中要声明变量，须要将 var 语句和变量名结合使用。例如：

```
var  t;
```

在上面语句中，ActionScript 声明了一个名为“t”的变量。

变量可以是多种数据类型：数值类型、字符串类型、布尔值类型、对象类型和影片剪辑类型。一个变量在脚本中被指定时，其数据类型将影响变量的改变。

(1) **命名变量**

变量名称必须遵从下面的规则。

① 变量名必须是标识符，标识符的开头的第一个字符必须是字母，其后的字符可以是数字、字母或下划线。

② 变量的名称不能使用 ActionScript 的关键字或者命令名称，例如：true、false、null 或 underfined 等。

③ 在自己的范围内必须是唯一的，对变量的名称设置尽量使用具有一定含义的变量名。

④ 变量名称区分大小写，如 name 和 Name 是两个不同的变量名称。

(2) **变量赋值**

在 Flash 中，不必将变量明确地定义为数字、字符串或其他数据类型。Flash 会在为变量赋值时确定它的数据类型，例如：

```
score=0;
```

在表达式 score=0 中，Flash 会评估运算符右侧的元素，确定它的类型是数字。后面的赋值运算可以更改为 score 的类型，例如 x="hello" 会将 x 的类型更改为字符串。尚未赋值的变量的类型为 undefined。

动作脚本会在表达式需要数据类型时自动转换它，例如：

```
"Next in line, number"+8
```

动作脚本会将数字 8 转换为字符串“8”，并将它添加到第一个字符串的结尾，从而产生下面的字符串：

```
"Next in line, number 8"
```

(3) **变量的作用域**

变量的作用域是指这个变量可以被引用的范围，ActionScript 中的变量可以是全局的，也可以是局部的，全局变量可以被所有时间轴共享，局部变量只能在它自己的代码段中有效。例如：

```
var rabbit:MovieClip;
…
function endGame():void
{
  for(var i:int=carrots.length-1;i>=0;i--)
  {
    removeCarrot(i);
  }
  removeChild(rabbit);
  …
}
```

这段代码定义了一个类的全局变量 rabbit，它在函数内外均可以使用。在 for 语句中使用 var 定义了一个局部变量 i，这个变量 i 只在这个 for 循环中有意义，如果在程序中其他地方想使用这个变量 i 的值是做不到的，当这个 for 循环执行完毕之后，变量 i 也就被释放了。

2. 运算符

运算符是指定如何组合、比较或者修改表达值的字符。运算符对其选择运算的元素称为操作数。以下列举了一些常见的运算符。

(1) **算术运算符**

算术运算符用于一般的算术，见表 6-1，其中，“++”有时候也写成“+=”；同理，“--”也写成“-=”。但若操作数是字符串类型时，“+”所执行的操作是把两个字符串连接起来。

表 6-1 算术运算符

操作符	说明	操作符	说明
*	乘号	/	除号
+	加号	-	减号
++	变量自加 1	--	变量自减 1
%	取余数		

(2) **逻辑运算符**

逻辑运算符用于对参数进行比较或者判断其逻辑关系，主要用于条件语句中，见表 6-2。

表 6-2 逻辑运算符

操作符	说明	操作符	说明
!	逻辑非	!=	不等于
&&	逻辑与	<	小于
>	大于	<>	不等于
<=	小于等于	>=	大于等于
==	等于	||	逻辑或

(3) **其他操作符**

其他操作符见表 6-3。

表 6-3 其他操作符

操作符	说明	操作符	说明
【】	字符串	()	括号
[]	数组操作符	=	赋值
	点操作符	void	无类型符号

3. 条件语句

AS3 提供了 3 个可用来控制程序流的基本条件语句，即 if…else、if…else if、switch 语句。

（1）if…else

if…else 条件语句用于测试一个条件，如果该条件存在，则执行一个代码块，否则执行替代代码块。例如，下面的代码测试 x 的值是否超过 20，如果是，则生成一个 trace（）函数，否则生成另一个 trace（）函数：

```
if(x>20)
{
trace("xis>20");
}
else
{
trace("xis<=20");
}
```

如果不想执行替代代码块，可以仅使用 if 语句，而不用 else 语句。

（2）if…else if

可以使用 if…else if 条件语句来测试多个条件。例如，下面的代码不仅测试 x 的值是否超过 20，而且还测试 x 的值是否为负数：

```
if(x>20)
{
trace("x is >20");
}
else if(x<0)
{
trace("x is negative");
}
```

如果 if 或 else 语句后面只有一条语句，则无须用大括号括起后面的语句。例如，下面的代码不使用大括号：

```
if(x>0)
trace("x is positive");
else if(x<0)
trace("x is negative");
eelse
trace("x is 0");
```

注意：Adobe 建议始终使用大括号，因为以后在缺少大括号的条件语句中添加语句时，可能会出现意外的行为。例如，在下面的代码中，无论条件的计算结果是否为 true，positiveNums 的值总是按 1 递增：

```
var x:int;
```

知识要点

```
var positiveNums:int=0;
if(x>0)
trace("x is positive");
positiveNums++;
trace(positiveNums);// 1
```

(3) switch

如果多个执行路径依赖于同一个条件表达式，则 switch 语句非常有用。它的功能大致相当于一系列 if…else if 语句，但是它更便于阅读。switch 语句不是对条件进行测试以获得布尔值，而是对表达式进行求值并使用计算结果来确定要执行的代码块。代码块以 case 语句开头，以 break 语句结尾。例如，本游戏代码：

```
var rabbit:MovieClip;
switch(event.keyCode)
  {
     case Keyboard.UP:
        rabbit.y -=  50;
        if(rabbit.y <= 80)
        {
           rabbit.y=80;
        }
        break;
     case Keyboard.DOWN:
        rabbit.y +=  50;
        if(rabbit.y >= 320)
        {
           rabbit.y=320;
        }
        break;
     default:
        break;
}
```

4. 循环语句

循环语句允许使用一系列值或变量来反复执行一个特定的代码块。Adobe 建议始终用大括号（{}）来括起代码块。尽管可以在代码块中只包含一条语句时省略大括号，但是就像在介绍条件语言时所提到的那样，不建议这样做，原因也相同：因为这会增加无意中将以后添加的语句从代码块中排除的可能性。如果以后添加一条语句，并希望将它包括在代码块中，但是忘了加必要的大括号，则该语句将不会在循环过程中执行。

(1) for

for 循环用于循环访问某个变量以获得特定范围的值。必须在 for 语句中提供 3 个表达式：

一个设置了初始值的变量，一个用于确定循环何时结束的条件语句，以及一个在每次循环中都更改变量值的表达式。例如，下面的代码循环 5 次。变量 i 的值从 0 开始到 4 结束，输出结果是从 0 ~ 4 的 5 个数字，每个数字各占 1 行。

```
var i:int;
for(i=0;i<5;i++)
{
trace(i);
}
```

（2）for…in

for…in 循环用于循环访问对象属性或数组元素。例如，可以使用 for…in 循环来循环访问通用对象的属性（不按任何特定的顺序来保存对象的属性，因此属性可能以看似随机的顺序出现）：

```
var myObj:Object={x:20,y:30};
for(var i:String in myObj)
{
trace(i + ": " + myObj[i]);
}
//输出：
//x:20
//y:30
```

还可以循环访问数组中的元素：

```
var myArray:Array=["one","two","three"];
for(var i:String in myArray)
{
trace(myArray[i]);
}
//输出：
//one
//two
//three
```

如果对象是自定义类的一个实例，则除非该类是动态类，否则将无法循环访问该对象的属性。即便对于动态类的实例，也只能循环访问动态添加的属性。

（3）for each…in

for each…in 循环用于循环访问集合中的项目，它可以是 XML 或 XMLList 对象中的标签、对象属性保存的值或数组元素。例如，如下面所摘录的代码所示，可以使用 for each…in 循环来循环访问通用对象的属性，但是与 for…in 循环不同的是，for each…in 循环中的迭代变量包含属性所保存的值，而不包含属性的名称：

```
var myObj:Object={x:20,y:30};
for each(var num in myObj)
```

```
{
trace(num);
}
//输出:
//20
//30
```

可以循环访问 XML 或 XMLList 对象，如下面的示例所示：

```
var myXML:XML=<users>
                <fname>Jane</fname>
                <fname>Susan</fname>
                <fname>John</fname>
              </users>;
for each(var item in myXML.fname)
{
trace(item);
}
/*输出
Jane
Susan
John
*/
```

还可以循环访问数组中的元素，如下面的示例所示：

```
var myArray:Array=["one","two","three"];
for each(var item in myArray)
{
trace(item);
}
//输出:
//one
//two
//three
```

如果对象是密封类的实例，则将无法循环访问该对象的属性。即使对于动态类的实例，也无法循环访问任何固定属性（即，作为类定义的一部分定义的属性）。

(4) while

while 循环与 if 语句相似，只要条件为 true，就会反复执行。例如，下面的代码与 for 循环示例生成的输出结果相同：

```
var i:int=0;
while(i<5)
{
trace(i);
```

```
i++;
}
```

使用 while 循环（而非 for 循环）的一个缺点是：编写的 while 循环中更容易出现无限循环。如果省略了用来递增计数器变量的表达式，则 for 循环示例代码将无法编译，而 while 循环示例代码仍然能够编译。若没有用来递增 i 的表达式，循环将成为无限循环。

（5）do…while

do…while 循环是一种 while 循环，它保证至少执行一次代码块，这是因为在执行代码块后才会检查条件。下面的代码显示了 do…while 循环的一个简单示例，即使条件不满足，该示例也会生成输出结果：

```
var i:int=5;
do
{
trace(i);
i++;
}while(i<5);
//输出:5
```

5. 函数

函数是执行特定任务并可以在程序中重用的代码块。ActionScript 中有两类函数：方法和函数闭包。将函数称为方法还是函数闭包取决于定义函数的上下文。如果将函数定义为类定义的一部分或者将它附加到对象的实例，则该函数称为方法。如果以其他任何方式定义函数，则该函数称为函数闭包。

（1）函数语句

函数语句是在严格模式下定义函数的首选方法。函数语句以 function 关键字开头，后跟：

① 函数名。

② 用小括号括起来的逗号分隔的参数列表。

③ 用大括号括起来的函数体，即在调用函数时要执行的 ActionScript 代码。

例如，下面的代码创建一个定义一个参数的函数，然后将字符串“hello”用作参数值来调用该函数：

```
function traceParameter(aParam:String)
{
trace(aParam);
}
traceParameter("hello");//hello
```

（2）函数表达式

声明函数的第二种方法就是结合使用赋值语句和函数表达式，函数表达式有时也称为函数字面值或匿名函数。这是一种较为繁杂的方法，在早期的 ActionScript 版本中广为使用。

带有函数表达式的赋值语句以 var 关键字开头，后跟：

① 函数名。

② 冒号运算符（:）。

③ 指示数据类型的 Function 类。

④ 赋值运算符（=）。

⑤ function 关键字。

⑥ 用小括号括起来的逗号分隔的参数列表。

⑦ 用大括号括起来的函数体，即在调用函数时要执行的 ActionScript 代码。

例如，下面的代码使用函数表达式来声明 traceParameter 函数：

```
var traceParameter:Function=function(aParam:String)
{
trace(aParam);
};
traceParameter("hello");//hello
```

请注意，就像在函数语句中一样，在上面的代码中也没有指定函数名。函数表达式和函数语句的另一个重要区别是，函数表达式是表达式，而不是语句。这意味着函数表达式不能独立存在，而函数语句则可以。函数表达式只能用作语句（通常是赋值语句）的一部分。下面的示例显示了一个赋予数组元素的函数表达式：

```
var traceArray:Array=new Array();
traceArray[0]=function(aParam:String)
{
trace(aParam);
};
traceArray[0]("hello");
```

原则上，除非在特殊情况下，要求使用表达式，否则应使用函数语句。函数语句较为简洁，而且与函数表达式相比，更有助于保持严格模式和标准模式的一致性。函数语句比包含函数表达式的赋值语句更便于阅读，而且不容易引起混淆。

6. 对象

对象是 AS3 语言的核心，也是 AS3 语言的基本构造块。在编程中所声明的每个变量、所编写的每个函数以及所创建的每个类实例都是一个对象。也可以将 AS3 程序看做一个组织执行任务、响应事件以及相互通信的对象。

AS3 所基于的标准，对象只是属性的集合，这些属性是一些容器，除了保存数据，还保存函数或者其他对象。

7. 类

在 AS3 中，每个对象都是由类定义的。可以将类视为某一些模板或者蓝图。类定义中可以包括变量、常量以及方法，变量用于保存数据值，而常量是封装绑定到类的行为的函数。存储在属性中的值可以是基元值（数字、字符串或布尔值），也可以是其他对象。

ActionScript 中包含许多属于核心语言的内置类。其中如“Number”、“Boolean”和“String”内置类表示 ActionScript 中可用的基元值，其他如“Array”、“Math”和“XML”类用于定义属于 ECMASipt 标准的更复杂的对象。例如，游戏代码中涉及的 Math. random（）可以产生出 0～1 之间的任意小数；Math. round（Math. random（））这个表达式可以生成一个 0.0～1.0 之间的一个数，然后四舍五入取得一个整数；Math. floor（i）就是求一个最接近 i 的整数，它的值小于或等于这个浮点数。

在 ActionScript 面向对象的编程中，任何类都可以包含属性、方法和事件 3 种类型的特性。

（1）**属性**

属性表示某个对象中绑定在一起的若干数据块中的一个。Song 对象可能具有名为 artist 和 title 的属性；MovieClip 类具有 rotation、x、Width 和 alpha 等属性。可以同处理单个变量那样处理属性，也可以将属性视为包含在对象中的子变量。

例如将实例名称为 rabbit 的 MovieClip 放在 X 坐标的 200 像素处，其 ActionScript 代码为：rabbit. x=200;。

又如：rabbit. rotation-=　45；表示实例名称为 rabbit 的 MovieClip 每次都要逆时针旋转 45°。

从上面的实例中可以看到，属性的结构顺序为变量名-点-属性名。这里的点“.”称为点运算符，用于指示要访问对象的某个子元素。

（2）**方法**

可以由对象执行的操作称为方法。例如，gameTimer. play（）和 gameTimer. stop（）就是实现定时器的播放和停止。

通过依次写下对象名变量、点、方法名和小括号来访问方法，这与属性类似，小括号是对象执行该动作的方式。有时，为了传递执行动作所需的额外信息，需要将值（或变量）放入小括号中，而这些值称为方法参数。例如：gotoAndStop（）方法需要知道应转到哪一帧，所以要求小括号中有一个参数。有些方法如 play（）或者 stop（），其自身的意义已非常明确，因此，不需要额外信息，但书写时仍然带有小括号。例如 hitTestObject（）方法是计算显示对象，rabbit. hitTestObject（tempCarrot）以确定 rabbit 是否与 tempCarrot 显示对象重叠或相交。

（3）**事件**

事件是指触发程序的某种机制，例如单击某个按钮，然后就会执行跳转播放帧的操作，这个单击按钮的过程就是一个事件，通过单击按钮的事件激活跳转播放帧的这项程序。在 AS3 中，每个事件都由一个事件对象表示。事件对象是 Event 类或其某个子类的实例。事件对象不但存储有关特定事件的信息，还包含便于操作事件对象的方法。例如，当 Flash Player 检测到鼠标单击时，它会创建一个事件对象（MouseEvent 类的实例）以表示该特定鼠标单击事件。

指定为响应特定事件而应执行的某些动作的技术称为事件处理。在编写执行事件处理的 ActionScript 代码时，需要认识以下 3 个重要元素。

事件源：即发生该事件的对象是什么。例如哪个按钮会被单击或者哪个 Loader 对象正在加载图像。事件源也称为事件目标。

事件：即将发生的事情，以及希望响应什么样的事情。识别事件是非常重要的，因为许多对象会触发多个事件。

响应：即当事件发生时，希望执行哪些步骤。

在 AS3 中编写事件侦听器代码会采用以下基本结构：

```
Function eventResponse(eventObject: EventType):void
{
        //此处是为响应事件而执行的动作
}
eventTarget.addEventListener(EventType.EVENT_NAME,eventResponse);
```

此代码执行两个操作。首先，它定义一个函数，这是指定为响应事件执行的动作的方法。其次，调用源对象的 addEventListener（）方法，实际上就是为指定事件订阅该函数，以便当该事件发生时，执行该函数的动作。当事件实际发生时，事件目标将检查其注册为事件侦听器的所有函数和方法的列表，然后依次调用每个对象，以将事件对象作为参数进行传递。

在以上代码中，eventResponse 为函数的名称，用户可以自己定义；EventType 是为所调度的事件对象指定相应的类名称；EVENT_NAME 为指定事件相应的常量；evenTarget 为事件目标的名称，如为按钮实例“but”设置事件，则上面代码中的 eventTarget 写为“but”。例如，本游戏中的一段代码是在 introScreen 场景中单击按钮实例“play_btn”后调用 clickAway（）函数，进而执行该函数中的代码。

```
introScreen.play_btn.addEventListener(MouseEvent.CLICK,clickAway);
function clickAway(event:MouseEvent):void
{
soundClick.play();
moveScreenOff(introScreen);
}
```

8. 注释

ActionScript 3.0 代码支持两种类型的注释：单行注释和多行注释。这些注释机制与 C++和 Java 中的注释机制类似。编译器将忽略标记为注释的文本。

单行注释以两个正斜杠字符（//）开头并持续到该行的末尾。例如，下面的代码包含一个单行注释：

```
var someNumber: Number=3; //单行注释
```

多行注释以一个正斜杠和一个星号（/*）开头，以一个星号和一个正斜杠（*/）结尾。

```
/*这是一个可以跨
多行代码的多行注释。*/
```

9. 动作面板

(1) 动作面板的组成

执行“窗口”→“动作”命令，或者按 F9 键，系统将会弹出“动作”面板，打开“ActionScript”树形目录，如图 6-2 所示。“动作”面板有 3 个组成部分：动作工具箱、脚本导航器和脚本窗口。

① 动作工具箱：动作工具箱位于“动作”面板左上方，可以按照下拉列表框中所选择的不同 ActionScript 版本类别显示不同的脚本命令。

② 脚本导航器：脚本导航器位于“动作”面板的左下方，其中列出了当前选中对象的具体信息，如名称、位置等。通过脚本导航器可以快速地对 Flash 文档中的脚本导航。

③ 脚本窗口：脚本窗口可以创建导入应用程序的外部脚本文件。脚本可以是 ActionScript、Flash Communication 或 Flash JavaScript 文件。

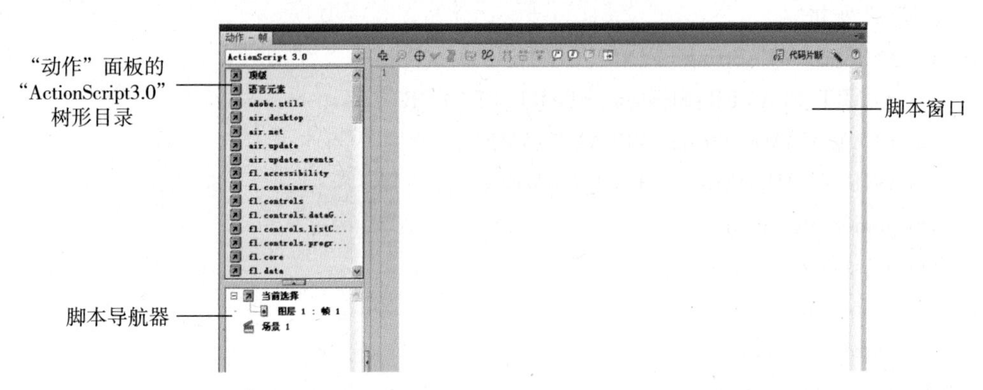

图 6-2　“动作”面板

(2) **动画中脚本的添加**

在编辑动作脚本时，如果熟悉 ActionScript 脚本语言，可以直接在脚本窗口中输入动作脚本；如果对 ActionScript 脚本语言不是很熟悉，则可以单击脚本窗口上方的“脚本助手”按钮，激发脚本助手模式。在脚本助手模式中，提供了脚本参数的有效提示，可以帮助新手用户避免可能出现的语法和逻辑错误。

拓展训练——“欢乐红兔”

制作一个可控制兔子的动画，界面如图 6-3 所示。

图 6-3　欢乐红兔

单击▲按钮，兔子向上移动；单击▼按钮，兔子向下移动；单击▶按钮，兔子向右移动；单击◀按钮，兔子向左移动；单击↺按钮，兔子向左旋转；单击↻按钮，兔子向右旋转。

1. “红兔捕食记”参考代码

```
import flash. display. MovieClip;
import flash. events. Event;
import flash. media. Sound;
//定义变量
var INIT_GAME:String="INIT_GAME";
var START_PLAYER:String="START_PLAYER";
var PLAY_GAME:String="PLAY_GAME";
var END_GAME:String="END_GAME";
var gameState:String;
var grass:MovieClip;
var rabbit:MovieClip;
var carrots:Array;
var score:Number=0;
var timecount:int=20;//临时计数变量
var gameTimer:Timer=new Timer(1000);//1 s 刷新一次
var soundStart:Sound=new Start();
var soundClick:Sound=new Click();
var soundFail:Sound=new Fail();
var soundSuccess:Sound=new Success();
var soundEat:Sound=new Eat();
soundStart. play();
//监听时间;
gameTimer. addEventListener(TimerEvent. TIMER,gameTimerHandler);
//定义时间监听函数;
function gameTimerHandler(event:TimerEvent)
{
    playInfo. time_txt. text=String(timecount);
    playInfo. score_txt. text=String(score);
    timecount--;
}
//响应鼠标单击事件
introScreen. play_btn. addEventListener(MouseEvent. CLICK,clickAway);
//单击按钮函数;
function clickAway(event:MouseEvent):void
{
```

```
    soundClick.play();
    //调用 moveScreenOff()函数;
    moveScreenOff(introScreen);
}
//影片移除函数
function moveScreenOff(screen:MovieClip):void
{//影片移除
    introScreen.visible=false;
    //将初始状态赋值给 gameState
    gameState=INIT_GAME;
    //输出游戏状态
    trace(gameState);
    //舞台侦听事件,并调用 gameLoop 函数
    addEventListener(Event.ENTER_FRAME,gameLoop);
}
//跟踪游戏状态函数
function gameLoop(event:Event):void
{
    switch(gameState)
    {
        case INIT_GAME:
            initGame();
            break;
        case START_PLAYER:
            startPlayer();
            break;
        case PLAY_GAME:
            playGame();
            break;
        case END_GAME:
            endGame();
            break;
    }
}
//初始化游戏函数
function initGame():void
{
    //开始计时
    gameTimer.start();
    grass=new Grass();
```

```
    rabbit = new Rabbit();
    carrots = new Array();
    gameState = START_PLAYER;
    trace(gameState);
}
//建立游戏角色函数
function startPlayer():void
{
    grass.x = 200;
    grass.y = 200;
    rabbit.x = 200;
    rabbit.y = 200;
    addChild(grass);
    addChild(rabbit);
    addEventListener(Event.ENTER_FRAME, grassMove);
    addEventListener(KeyboardEvent.KEY_DOWN, moveRabbit);
    gameState = PLAY_GAME;
    trace(gameState);
}
//草地移动
function grassMove(event:Event):void
{
    grass.x -=  5;
    if(grass.x < 200)
    {
        grass.x = 500;
    }
}
//键盘控制兔子移动
function moveRabbit(event:KeyboardEvent):void
{
    switch(event.keyCode)
    {
        case Keyboard.UP:
            rabbit.y -=  50;
            if(rabbit.y <= 80)
            {
                rabbit.y = 80;
            }
            break;
```

```
        case Keyboard. DOWN:
          rabbit. y+=   50;
          if(rabbit. y>=320)
          {
            rabbit. y=320;
          }
          break;
        default:
          break;
      }
    }
//出现胡萝卜
function makeCarrots():void
{//定义随机0~100之间的数字变量
  var chance:Number=Math. floor(Math. random() * 100);
  //如果数字小于或者等于2,则执行以下代码
  if(chance<=2)
  {
    var tempCarrot:MovieClip;
    tempCarrot=new Carrot();
    tempCarrot. x=550;
    //胡萝卜在y方向出现的范围是0到场景的高度之间
    tempCarrot. y=Math. round(Math. random() * stage. stageHeight);
    addChild(tempCarrot);
    carrots. push(tempCarrot);
    //让胡萝卜出现在(0,0)和(0,400)之间;
    if(tempCarrot. y>=400)
    {
      tempCarrot. y=400;
    }
    else if(tempCarrot. y<=0)
    {
      tempCarrot. y=0;
    }
  }
  addEventListener(Event. ENTER_FRAME,moveCarrot);
}
//胡萝卜位移
function moveCarrot(e:Event):void
{
```

```
var tempCarrot:MovieClip;
for(var i:int=carrots.length-1;i>=0;i--)
{
    tempCarrot=carrots[i];
    tempCarrot.x -=   10;
    //当兔子碰到胡萝卜后的状态
    if(rabbit.hitTestObject(tempCarrot))
    {
        removeCarrot(i);
        score++;
        playInfo.score_txt.text=String(score);
        soundEat.play();
    }
}
}
//移除胡萝卜
function removeCarrot(idx:int):void
{
    removeChild(carrots[idx]);
    carrots.splice(idx,1);
}
//玩游戏函数
function playGame():void
{
    makeCarrots();
    testForEnd();
}
//游戏场景结束,出现结束场景
function testForEnd():void
{
    if(score>=10 && timecount==0)
    {
        gameTimer.stop();
        gameState=END_GAME;
        trace(gameState);
        soundSuccess.play();
        endScreen.endscore_txt.text=playInfo.score_txt.text +"\n" +"Congratulations! ";
    }
    if(score<10 && timecount<0)
    {
```

```
        gameTimer.stop();
        gameState=END_GAME;
        trace(gameState);
        soundFail.play();
        endScreen.endscore_txt.text=playInfo.score_txt.text+"\n"+"You failed!";
    }
}
//结束游戏函数
function endGame():void
{
    for(var i:int=carrots.length-1;i>=0;i--)
    {
        removeCarrot(i);
    }
    removeChild(rabbit);
    removeChild(grass);
    playInfo.visible=false;
    endScreen.visible=true;
}
```

2. “欢乐红兔”参考代码

```
import flash.display.MovieClip;
import flash.events.Event;
import flash.media.Sound;
//定义变量
var grass:MovieClip;
var rabbit:MovieClip;
//响应鼠标单击事件
introScreen.play_btn.addEventListener(MouseEvent.MOUSE_DOWN,clickAway);
//单击按钮函数;
function clickAway(event:MouseEvent):void
{
    //调用 moveScreenOff()函数;
    moveScreenOff(introScreen);
}
//影片移除函数
function moveScreenOff(screen:MovieClip):void
{   //影片移除
    introScreen.visible=false;
    initGame();
```

```
}
function initGame():void
{
    grass=new Grass();
    rabbit=new Rabbit();
    addChild(grass);
    addChild(rabbit);
    grass. x=300;
    grass. y=200;
    rabbit. x=200;
    rabbit. y=300;
        MoveRabbit();
}
//控制兔子移动
function MoveRabbit():void
{
    grass. Up_btn. addEventListener(MouseEvent. MOUSE_DOWN,moveup);
    function moveup(evt)
    {
        rabbit. y -=   50;
        if(rabbit. y<100)
        {
            rabbit. y=100;
        }
    }
    grass. Down_btn. addEventListener(MouseEvent. MOUSE_DOWN,movedown);
    function movedown(evt)
    {
        rabbit. y+=   50;
        if(rabbit. y>stage. stageHeight-100)
        {
            rabbit. y=stage. stageHeight-100;
        }
    }
    grass. Left_btn. addEventListener(MouseEvent. MOUSE_DOWN,moveleft);
    function moveleft(evt)
    {
        rabbit. x-=   50;
        if(rabbit. x>100)
        {
```

```
        rabbit. x = 100;
      }
    }
    grass. Right_btn. addEventListener( MouseEvent. MOUSE_DOWN, moveright);
    function moveright( evt)
    {
      rabbit. x+ =   50;
      if( rabbit. x>stage. stageWidth-100)
      {
        rabbit. x = stage. stageWidth-100;
      }
    }
    grass. Rotate_left. addEventListener( MouseEvent. MOUSE_DOWN, turnleft);
    function turnleft( evt)
    {
      rabbit. rotation- =   45;
    }
    grass. Rotate_right. addEventListener( MouseEvent. MOUSE_DOWN, turnright);
    function turnright( evt)
    {
      rabbit. rotation + =   45;
    }
}
```

附　录

Flash CS5 基础知识

1. Flash CS5 简介

(1) Flash的特色

Flash 是一款制作网络交互动画的优秀工具，它支持动画、声音以及交互，具有强大的多媒体编辑功能。

今天，计算机网络已成为人们生活、工作中不可或缺的一个交流平台，但网络上信息的流量受硬件条件限制，传输量是有限的。针对这个问题，Flash 通过使用适量图形和流式播放的技术加以克服，从而提高了信息传输速度。

基于矢量图形的 Flash 动画，在尺寸上可以随意调整缩放，这就不会影响图形文件的大小和质量。而流式播放技术允许用户在动画文件全部下载完之前播放已下载的部分，同时在播放过程中下载剩余的部分。

另外，由于 Flash 记录的只是关键帧和控制动作，所生成的编辑文件（*.fla）尤其是播放文件（*.swf），也是非常小巧的。所以作为一种创作工具，设计人员和开发人员大量地使用它来创建演示文稿、应用程序和其他允许用户交互的内容，在网络上应用广泛，如广告、电子贺卡、游戏等。

(2) 位图和矢量图

计算机显示图形有位图格式和矢量图格式。

位图又称点阵图，由排成方阵的许多像素点组成。日常生活中使用的数码相片，就是一种位图。位图的像素点越多，像素值越高，图像就越清晰。但因为每个像素点都需要用一组数据来表示，因而图像的数据量巨大，在图形放大到一定倍数时，还会出现失真现象。

矢量图形的基本构成元素是对象，如直线、圆等，每个对象具有独立的颜色、图形、轮廓、大小、屏幕位置等属性。计算机只需记录对象的边线位置和边线之间的颜色，就记录了整个图形。所以，记录矢量图的文件大小由图的复杂程度决定，而不受图的大小影响。而且，无论怎样放大或缩小，矢量图都不会失真。所以在制作 Flash 动画时，创作人员一般都会使用矢量图形以减少文件大小。

(3) Flash CS5的新特性

在 Flash CS4 的基础上，Flash CS5 不只是作了一个简单的升级，在众多的功能上，它都有了有效的改进，而且功能的整合也有了大幅度的增强。

① 文本布局框架文本引擎。

新的 TLF 文本引擎增加了对文本属性和流的控制。通过新的文本布局框架，借助印刷质量的排版全面控制文本。

② 为 iphone 打包应用程序。

Flash Professional CS5 包含允许 Flash 文件作为 iphone 应用程序部署的 Packager for iphone，使用户能够发布 iphone 应用程序。

③ 骨骼工具。

Flash CS5 增强了骨骼工具功能，添加了一些物理特性在混合器中。借助为骨骼工具新增的动画属性，设计者可以为每一个关节设置弹性，从而创建出更逼真的反向运动效果。

④ 使用 Photoshop CS5 编辑。

用户可以在 Photoshop CS5 中进行位图图形的往返编辑。

⑤ Deco 喷涂工具。

Deco 喷涂工具可以将任何元素转变为即时设计元素，并应用于涂刷工具和装饰工具。Flash CS5 为 Deco 喷涂工具新增了一套刷子，单击库中的资源即可直接在 Photoshop CS5 中编辑它们，为任何设计元素添加高级动画效果。

Flash CS5 的新增功能还有许多，若要更详细地了解，可在 Flash 应用程序中选择“帮助”→“Flash 帮助”命令，就能了解更多关于 Flash CS5 的新功能。

2. Flash CS5 的工作界面

Flash CS5 的工作界面由以下几部分组成：菜单栏、主工具栏、工具箱、时间轴、场景和舞台、工作区、属性面板以及浮动面板。

（1）时间轴

时间轴是处理帧和层的地方，是 Flash 动画的控制台，主要组件是层、帧和播放头。

按照功能的不同，时间轴窗口分为左右两部分，分别为层控制区和时间线控制区。

当在层控制区选择某一层，然后在舞台上绘制内容或将内容导入舞台中时，这些内容就会成为这个层的一部分。

时间线上的各帧可根据时间改变内容。每一帧在舞台中出现的内容，就是该时间点上出现在各层上的所有内容的反映。

设计者可以通过移动、添加、改变和删除不同帧的各层上的内容以创建运动和动画。使用多层层叠技术，还可将不同内容放置在不同层上，从而创建出有层次感的动画效果。

（2）场景和舞台

场景也就是舞台，是编辑和播放动画的矩形区域，它相当于实际表演中的舞台，可在其中直接绘制矢量插图、文本框、按钮，也可导入位图或视频进行编辑。而任何时间看到的舞台中的内容，就是当前帧的内容。

场景是所有动画元素的最大活动空间，像多幕剧一样，场景可以不止一个。要查看特定场景，可选择“视图”→“转到”命令，然后再选择场景名称。

(3) **工作区**

工作区就是舞台周围的灰色区域，通常用作动画的开始和结束点。

(4) **属性面板**

使用“属性”面板，可以方便地访问舞台或时间轴上当前选定对象的最常用属性。当选定某个对象，如文本、组件、图形、位图、视频、组、帧等时，“属性”面板就会显示选定对象的总数。

(5) **浮动面板**

使用面板可以查看、组合和更改资源，但屏幕的大小有限，Flash 提供了多种自定义工作区的方式，以供设计者选择获得最适合的工作区。如通过“窗口”菜单显示、隐藏面板，还可以通过拖动面板左上方的面板名称，将面板从组合中拖拽出来，也可以利用它将独立的面板添加到面板组合中。

选择“窗口”→“工作区”子菜单下的相应命令，就可在 7 种默认布局方式之间进行切换。

3. Flash CS5 环境设置

(1) **工作参数设置**

选择“窗口”→“首选参数”命令，出现“首选参数设置”面板，可以对 Flash CS5 进行工作环境参数设置。共有 9 个子面板，常用的主要是以下 3 个面板。

“常规”面板：进行某些如允许取消或恢复的次数等常用操作的设置。

“绘画”面板：主要用于编辑图像时的设置，包括对钢笔工具的设置和鼠标定位精确度的设置。

“剪贴板”面板：用于设置影片编辑中的图形或文本进行剪贴操作时的属性选项，如设置剪贴板中位图的分辨率、矢量格式文本保持及打印等内容。

(2) **设置快捷键**

使用快捷键可以使制作 Flash 动画的过程更加流畅，工作效率更高。在默认情况下，Flash CS5 使用的是 Flash 应用程序专用的内置快捷键方案。

选择“编辑”→“快捷键”命令，用户可根据需要自定义快捷键方案。单击“将设置导出为 HTML”按钮保存设置。Adobe 标准的快捷键方式不可以修改。

(3) **动画属性设置**

制作 Flash 动画前，应先设置它的放映速度和水平及屏幕大小。因为如果要在中途更改的话，会增加许多工作量。

例如，已将对象放置在舞台上，并将它设置成速度为 12 fps 的动画。如果想改为 24 fps，则此帧频设置的改变将使整部电影的动画速度随之发生改变，结果会变得不可预料，甚至使电影与原来设想的相差很远。虽然可以重新编辑，但会花费很多时间。

所以在开始前应该进行周密的计划。一般而言，默认值 24fps 对大多数项目来说已经足够。

设置动画属性后，若希望以后新建的动画都沿用此设置，可单击“属性”面板上“设为默认值”按钮。

4. 图形绘制

（1）**线条工具**

线条工具主要用于绘制直线和斜线。

通过线条工具的“属性”面板，可以设置不同直线的颜色、粗细、类型等属性。画直线时，按住鼠标左键拖拽就可以。按住 Shift 键拖动鼠标，就可画水平线、垂直线或斜向 45°的直线。

（2）**铅笔工具**

选择铅笔工具后，在舞台上单击鼠标，然后按住不放，就可以绘制随意的、变化灵活的直线或曲线，但画出的曲线通常不够精确，不过可以通过编辑对其进行修整。

按住 Shift 键拖动鼠标，就可画水平线、垂直线，但不能绘制斜向 45°的直线。

使用铅笔工具绘制，有以下 3 种铅笔模式。

伸直：绘制出的是呈规则几何形状的图线。

平滑：用于对有锯齿的笔触进行平滑处理。

墨水：用于较随意地绘制种类线条。对画出的线条不作任何调整，即不会被拉直、平滑，只显示实际的绘制效果。

（3）**钢笔工具**

钢笔工具用于手动绘制路径，也用于绘制比较复杂、精确的曲线，还可以为用其他图形工具绘制的曲线添加或删除锚，以调整直线段的角度、长度以及曲线的斜率等。

钢笔工具与铅笔工具有很大差别，使用铅笔工具是拖拽鼠标。而钢笔工具则是单击确定一个点，再单击确定另一个点，直到双击停止画线。

（4）**矩形工具**

矩形工具用于绘制矩形和正方形。包括带边角的矩形。要画正方形，按住 Shift 键绘制就可以。要画带边角的矩形，则可在“边角半径”文本输入框输入需要的数值，单位是“点”，范围为 0 ~ 999。为 0 时可得标准矩形，为 999 时就是圆形。

（5）**椭圆工具**

椭圆工具用来绘制椭圆、圆、扇形、饼形或圆环形，按住 Shift 键可绘制正圆。

打开“属性”面板，下拉填充模式列表框可有 5 种类型选择。其中“无”表示画轮廓；“纯色”表示单色填充；“线性”表示线性渐变填充；“放射状”表示径向渐变填充模式；“位图”表示在矢量内部填充位图。

在“属性”面板中，“笔触属性”表示椭圆的外框颜色。

（6）**多角星形工具**

应用多角星形工具可绘制出不同样式的多边形和星形。在实际动画制作中，这些图形很常用。

（7）**刷子工具**

刷子工具用来绘制形态的矢量色块，也可以绘制出类似钢笔、毛笔和水彩笔的封闭图形，与铅笔工具相似，但铅笔工具绘制的是笔触，刷子工具绘制的是一个封闭的填充图形。绘制时按住 Shift 键，就可以绘制出垂直或水平方向的色块。

“标准绘画”模式：以覆盖方式涂色。

“颜料填充”模式：只对区域涂色，边线不受影响。

“后面绘画”模式：只对空白区域涂色。

“颜料选择”模式：在选定区域内涂色。

“内部绘画”模式：在边线内部涂色。

另外，为使颜色的渐变过程形成在一个固定的区域内，可使用“锁定填充”按钮。而涂色时，也可使用导入的位图作为填充。

(8) **喷涂刷（装饰性绘画）工具**

喷涂刷工具是 Flash CS5 的新增工具，它的作用类似于粒子喷射器，用户在“属性”面板中设置喷涂的图形后，就可以将图案“喷”到舞台上，影片剪辑或图形元件都可以作为图案使用。默认情况下喷射的是粒子点，用的是当前选定的填充颜色。

颜色选取器：用于默认粒子喷涂的填充颜色。

“编辑”→“选择元件”：用于选择影片剪辑或图形元件作喷涂刷粒子。

(9) Deco **（装饰性绘画）工具**

该工具可以用来将用户创建的图形转变为复杂的几何图案，如果将一个或多个元件与 Deco 工具一起使用的话，可以创建出万花筒的效果。

藤蔓式填充：利用藤蔓式填充效果，可以用藤蔓式图案填充舞台、元件或封闭区域。通过从库中选择元件，可以替换默认的叶子和花朵图案。生成的图案将包含在影片剪辑中，而影片剪辑本身包含组成图案的元件。

网格填充：使用网格填充效果可以创建棋盘图案、平铺背景或用自定义图案填充的区域或图形。对称效果的默认元素是 25 像素×25 像素、无笔触的黑色矩形图形。将网格填充绘制到舞台后，如果移动填充元件或调整其大小，则网格填充将随之移动或调整大小。

对称刷子：可以围绕中心点对称排列元件。如模拟钟面或刻度盘仪表和旋涡图案。

3D 刷子：可以在舞台上对某个元件的多个实例进行涂色，使其具有 3D 透视效果。

建筑物刷子：在舞台上绘制建筑物，可通过选择建筑物属性值来选择建筑物外观。

装饰性刷子：用于绘制装饰线，如点线、波浪线等。

火焰动画效果：用于创建程式化的逐帧火焰动画。

火焰刷子效果：可在时间轴当前帧的舞台上绘制火焰。

花刷子效果：可在时间轴当前帧中绘制程式化的花。

闪电刷子效果：创建具有动画效果的闪电。

粒子系统效果：创建火、烟、水、气泡等的粒子效果。

烟动画刷子效果：创建程式化的逐帧烟动画。

树刷子效果：快速创建树状插图。

(10) **橡皮工具**

橡皮工具有以下 3 种模式。

橡皮擦模式：用来擦除舞台上的任意矢量对象，包括笔触和填充区域。使用时，可以先在工具箱中自定义擦除模式。

水龙头：只需单击线条或填充区域中的某处就可擦除该对象。与橡皮擦的区别在于橡皮擦只能进行局部擦除，水龙头可以一次性擦除。

橡皮形状：有圆形、矩形等10种不同的橡皮形状可供选择。

在舞台上创建的矢量文字，或导入的位图图形，是不可以直接使用橡皮工具擦除，必须先使用“修改”→“分离”命令将文字和位图打散成矢量图形后才能擦除。

(11) **变形**

应用变形命令可以对选择的对象进行变形修改，如扭曲、缩放、倾斜、旋转和封套等，还可以根据需要对对象进行组合、分离、叠放、对齐等一系列操作，以达到制作要求。

其中，“旋转与倾斜”和“缩放”按钮可应用于舞台中的所有对象，“扭曲”和“封套”按钮都只适用于图形或分离后的图像。

对对象进行垂直和水平方向缩放时，按住Shift键，可以等比例缩放对象。

5. 对象颜色设置

(1) **色彩模式**

Flash CS5提供了两种色彩模式，即RGB和HSB色彩模式。

RGB模式：这种色彩模式有3种基本色，即红色、绿色、蓝色。其中每一基本色都有256（0~255）种亮度值。亮度值越小，颜色越深；亮度值越大，颜色越浅。当RGB值均为0时获得黑色，均为255时获得白色。

任何一种RGB颜色都可以使用十六进制数值代码表示。十六进制数值代码是一种HTML和脚本语言能够理解的定义颜色的有效方式。十六进制颜色值有6位，每两位分配给RGB颜色通道中的一个。如AABBCC，AA代表红色通道，BB代表绿色通道，CC代表蓝色通道。

HSB模式：这种模式以人对色彩的感觉为依据，描述的是色彩的三种特性。其中H代表色相，S代表纯度，B代表明度。HSB模式比RGB模式更直观，因为人分辨颜色时，不会将色光分解为单色，而是按其色相、纯度和明度进行判断。

CMYK模式：这个模式可以很好地避免色彩损失，是印刷时使用的颜色模式。其中，C代表青色，M代表洋红，Y代表黄色，K代表黑色。但这个模式在软件中运算很慢，Flash CS5不支持此模式。

(2) **色彩选择**

Flash CS5的绘图颜色由笔画颜色和填充颜色两个部分构成。它们的颜色可通过颜色面板来设置。

颜色面板分为两种类型：一种是单色面板，提供252种颜色供用户选择；另一种是包含单色和渐变色的颜色面板，除提供252种单色外，还提供7种渐变色。

除直接点选外，也可以在颜色面板里通过设定RGB三原色来获得一个准确的颜色；也可以通过颜色面板中的填充风格列表选择填充颜色的风格。

如果需要增加更多的色块以便调整渐变色的渐变宽度，可在横向颜色条的任意位置单击鼠标；如果需要删除渐变色中的某种颜色时，只需要将代表该颜色的滑块拖离横向颜色条即可。

一个渐变最多可添加15种颜色。

(3) **墨水瓶工具**

墨水瓶工具用来更改已经存在的线条或图形的轮廓线的笔触颜色、宽度和样式。如果单击一个没有轮廓线的区域，墨水瓶工具会为该区域增加轮廓线。

此工具经常与吸管工具结合使用。

(4) **颜料桶工具**

颜料桶工具用来填充封闭图形内部的颜色，包括纯色、渐变色以及位图。既可以填充空的区域，也可以更改选中区域的颜色。

利用颜料桶工具的附属工具，可以根据图形空隙大小来处理未封闭的轮廓。

“不封闭空隙”：填充完全闭合的区域。

“封闭小空隙”：填充只有较少空隙的区域。

“封闭中等空隙”：填充有中等空隙的区域。

“封闭大空隙”：填充有较大空隙的区域。

(5) **吸管工具**

吸管工具用来吸取选定对象的某些属性。如线条、色块及风格等信息，也可以吸取导入的位图和文字的属性，然后再将这些属性赋给其他目标图形。

吸管工具的优点就是可不重复设置各种属性，只要从已有的各种矢量对象中吸取就可以。

6. 文本处理

(1) **TLF文本**

TLF（文本布局框架）文本是 Flash CS5 默认的文本类型。这是 Flash CS5 新增的文本引擎，TLF 文本有以下 3 种类型。

只读：当作为 SWF 文件发布时，文本无法选中或编辑。

可选：当作为 SWF 文件发布时，文本可以选中并复制到剪贴板，但不能编辑。

可编辑：当作为 SWF 文件发布时，文本可以选中和编辑。

TLF 文本不能用作遮罩，若要使用文本创建遮罩，需要使用传统文本，用户可以在“属性”面板中将 TLF 文本转换为传统文本。

(2) **传统文本**

传统文本是 Flash 的基础文本模式，在图文制作方面发挥着重要作用。传统文本有静态文本、动态文本、输入文本 3 种。

① 静态文本。

一般情况下的文本是静态文本，和其他图形元素一样，静态文本也可以动作或分层。

② 动态文本。

动态文本就是可编辑的文本，在动画播放过程中，文本区域的文本内容可通过事件的激发来改变。

③ 输入文本。

这种文本可以在动画中创建一个允许用户填充的文本区域，在动画播放过程中，提供用户输入文本，产生交互，因此主要用在一些交互性较强的动画中。

（3）**文本的分离与变形**

为了产生丰富多彩的文本效果，在对文本进行基础排版后，可对文本进行进一步的加工，这时，就需要用到对文本进行分离与变形的操作。

① 分离文本。

分离文字就是将文字转换为矢量图形。选择“修改”→“分离”命令将文本分离一次可以使其中的文字成为单个的字符，分离两次可以使其成为填充图形。虽然可以将文字转换为矢量图形，但是，这个过程是不可逆的，不能将矢量图形转变成单个的文字或文本。

② 文本变形。

文本分离为填充图形后，就可以非常方便地改变文字的形状。在工具箱中使用选择工具或部分选取工具，就可进行各种变形操作。

7. 对象操作

要对对象进行编辑修改，必须先选择对象。因此，在制作动画时，熟练掌握对象的操作非常重要，其中包括对象的选取、移动、复制、删除以及排列、组合和分离等。

（1）**基本操作**

① 选取对象。

选取对象主要依靠选择工具、部分选取工具和套索工具。使用选择工具时，不同光标的表现形态代表不同的操作。

② 移动对象。

使用选择工具移动对象时，如果按住 Shift 键，同时用鼠标拖动选中的对象，可将选中的对象沿 45°角的增量进行平移。

③ 复制对象。

在移动对象的过程中，按住 Ctrl 键（或 Alt 键）拖动，可以拖动并复制该对象。

选中对象后，按下 Ctrl+D 组合键，可以复制一个对象到舞台中。

④ 删除对象。

选中要删除的对象，按 Delete 键，即可删除所选对象。此外，单击菜单“编辑”→“剪切”命令也可以删除该对象。

（2）**对象的组合和分离**

① 组合对象。

在进行移动编辑矢量图形操作时，经常会碰到填充色块和轮廓线分离的情况，可以将它们组合成一个组，作为一个对象来进行整体操作处理。

② 分离对象。

要修改多个图形的组合、图像、文字或组件的一部分时，选择“修改”→“分离”命令，对包括文本、实例、位图及矢量图等元素在内的对象都可以打散成单个的像素点，以便进行编辑。

③ 对齐对象。

当选择多个图形、图像、图形组合或组件时，可以利用“修改”→“对齐”命令调整它们的相对位置。

(3) **对象的高级操作**

① 套索工具。

用鼠标在位图上任意勾选想要的区域，形成一个封闭的选区，松开鼠标，选区中的图像被选中。套索工具主要用于选择图形中的不规则区域和相连的相同颜色的区域。使用套索工具选择对象时，如果一次选择的对象不是连续的，可按下 Shift 键来增加选择区域。按下 Alt 键，可在勾画直线和勾画不规则线段这两种模式之间进行自由切换。

② 3D 平移工具。

Flash CS5 提供了两个 3D 转换工具——3D 平移工具和 3D 旋转工具。通过这两个工具，利用每个影片剪辑实例的 Z 轴属性，用户可以在舞台的 3D 空间中移动和旋转影片剪辑来创建 3D 效果。

平移工具的默认工作模式是全局模式。在全局 3D 空间中移动对象与相对设计区中移动对象等效。在局部 3D 空间中移动对象与相对影片剪辑移动对象等效。

不能对遮罩层上的对象使用 3D 工具，包含 3D 对象的图层也不能用作遮罩层。

③ 3D 旋转工具。

3D 旋转工具可以在 3D 空间移动对象，使对象能显示某一立体方向角度。在 3D 空间中移动一个对象称为“平移”，旋转一个对象称为“变形”。通过组合使用，可创建逼真的透视效果。

若要使用 Flash 的 3D 功能，FLA 文件的发布设置必须设置为 Flash Player 10 和 ActionScript 3.0。

④ 定位辅助工具。

为帮助设计者在对对象进行各种编辑操作时可以进行准确定位，Flash CS5 提供了标尺、辅助线、网格等辅助工具，帮助用户定位对象。

8. 元件、实例和库资源

(1) **元件**

元件是 Flash 中的一个重要概念，它是一个特殊对象，创建一次后，就可在整部影片中反复使用。元件可以是一个图形，也可以是动画。

在 Flash CS5 中，元件是构成动画的基础，元件放在库中。所有的 Flash 文件都可以通过某个或多个元件来实现，而每个元件都具有唯一的时间轴、舞台和图层。

创建一个元件后，可以为元件的不同实例分配不同的行为。创建时选择元件的类型，元件类型将决定元件的使用方法。

使用时，还可以将一种类型的元件放置于另一元件中。比如，将按钮或图形元件的实例放在影片剪辑元件中，或将影片剪辑元件放在按钮元件中。

(2) **元件的类型**

Flash CS5 中有以下 3 类元件。

图形元件：制作动画时须反复使用的对象，就可创建为元件或转换为元件。图形元件通常由在影片中多次使用的静态或不具动画效果的图形组成。例如一束花，它可以作为运动对象在画面中自由运动。

图形元件有自己的编辑区和时间轴，但与主时间轴密切相关，只有当主时间轴工作时，图形元件的时间轴才能随之工作。例如，若在场景中创建元件的实例，则实例将受到主场景中时间轴的约束。

按钮元件：能对鼠标动作作出反应的元件。通过它可以控制影片，实现某种交互行为。

影片剪辑元件：基本上是一段小的独立影片，可以包含主影片中的所有组成部分，如声音、动画、按钮等。与图形元件一样，影片剪辑元件有自己的编辑区和时间轴，但影片剪辑元件的时间轴是独立的。因此，若主影片的时间轴停止，影片剪辑的时间轴仍可以继续。

影片剪辑元件在 Flash 影片中担当着相当重要的角色，大部分 Flash 影片其实都是由许多独立的影片剪辑元件实例组成的。

另外还有一个字体元件，在使用动态或输入文本时使用。

对元件可以进行复制及编辑的操作，但复制元件和直接复制元件是两个完全不同的概念：复制元件是将元件复制一份一模一样的，修改一个元件的同时，另一个元件也会发生相同的改变；而直接复制元件是以当前元件为基础，创建一个独立的新元件，无论修改哪个元件，另一个元件都不会发生改变。

（3）**实例**

实例是元件在舞台中的具体表现，创建实例的过程就是将元件从“库”面板中拖到舞台中。例如，若把“库”面板中的一个影片剪辑元件拖到设计区中，这个影片剪辑就是一个实例。

对实例可以进行交换、改变类型、分离等操作。例如，创建元件的不同实例后，可以对元件实例进行交换，使选定的实例变为另一个元件的实例。

实例的类型也是可以相互转换的。例如，可以将一个图形实例转换为影片剪辑实例，或将一个影片剪辑实例转换为图形。

执行“修改”→“分离”命令，可将实例分离成图形元素。

（4）**库**

Flash 项目可包含上百个数据项，其中包括元件、声音、位图及视频等。若没有库，这些数据将难以管理和操作。

在当前文档中使用库项目时，可以将库项目从“库”面板中拖动到设计区中。若要在另一个文档中使用，则拖到另一个文档的“库”面板或设计区中。

在“库”面板中，可以使用“库”面板菜单中的命令对库项目进行编辑、排序、重命名、删除以及查看未使用的库项目等管理操作。具体操作与管理硬盘的文件方法相同。

（5）**公用库**

库的作用主要是预览和管理元件。Flash CS5 给用户提供了公用库，利用这个功能，可以在一个动画中定义一个公用库，以后制作其他动画的时候，就可以链接到该公用库，并使用其中的组件。

使用公用库中的项目，可以直接在设计区中添加按钮或声音等。使用方法与使用“库”面板中的项目相同，将项目从公用库拖入当前文档的设计区中即可。

（6）**外部库**

制作动画时，如果要使用其他 Flash 文档中的元素，可以使用外部库。即可以在不用打开其他 Flash 文档的情况下，使用该文档中的素材。要导入外部库时，可以选择“文件”→“导入”→“打开外部库”命令。

9. 使用时间轴制作基础动画

（1）Flash动画

动画是通过一系列连续呈现的图像来获得。因为图像在相邻帧之间有变化（方向、位置、大小、形状），当播放头以一定速度沿各帧移动时，就产生了动态的感觉。

动画播放的长度不是以时间为单位，而是以帧为单位，创建 Flash 动画，实际上就是创建连续帧上的内容。

Flsah 动画主要分为逐帧动画和补间动画两种。

（2）帧

帧是 Flash 动画的最基本的组成部分，Flash 动画由不同的帧组合而成，Flash 动画的基本形式“帧到帧动画”，就是传统手绘动画的工作方式，每帧都是一个单独的图像，具体内容在相应的帧的工作区域内进行制作。

帧摆放在时间轴上，帧在时间轴上的排列顺序，决定了动画的播放顺序。由于动画在每帧中使用单独的图像，因此，对诸如面部表情和形体姿态等需要细微改变的复杂动画来说，是比较理想的工作方式。Flash 动画的帧主要有以下三类。

关键帧：用来定义动画的变化环节，在时间轴中显示为实心圆。当制作逐帧动画时，每一帧都是关键帧。而在补间动画中，则可以在动画的重要位置上定义关键帧。

空白关键帧：没有内容的关键帧。结束前一个关键帧或分隔两个补间动画。以空心圆表示。有内容的关键帧用实心圆表示。每个新建文档的第一帧，都自动地成为空白关键帧。

普通帧：在时间轴上显示为灰色。连续普通帧的内容都是相同的，当修改其中某一帧的内容时，其他帧将同时被更新。所以，普通帧通常用来旋转动画中的静止对象（如背景等）。

（3）帧率

帧率指单位时间里播放的帧的数量，它决定动画的播放速度，单位是帧每秒（fps）。用“修改”→“文档”命令可设置帧率和背景色。

默认条件下，Flash 动画每秒播放的帧数为 12 帧。帧率过低，播放时会有明显的停顿现象，帧率过高时播放太快，会让动画细节一晃而过。

（4）逐帧动画

逐帧动画是最常见的动画形式，最适合于图像在每一帧中都有所变化而不只是在舞台上移动的动画。

逐帧动画的原理是在连续的关键帧中分解动画动作，在每一关键帧中创建内容，然后连续播放而形成动画。

通常创建逐帧动画有以下几种方法：

① 导入静态图片建立逐帧动画。

② 绘制矢量逐帧动画，即一帧帧地画出帧内容。

③ 文字逐帧动画，用文字作帧的元件。

逐帧动画因为要将每一个帧都定义为关键帧，如果电影比较长，就需要很多的关键帧，工作量会变得很大，但因为是对每一帧进行绘制，所以动画变化过程准确、真实，个性较强。

（5）传统动作补间动画

当需要图像在动画中移动位置、改变大小、旋转或改变色彩时，使用动作补间动画，就可以方便地实现这些要求。

创建动作补间动画有两个基本要点：

① 创建前后两个关键帧。

② 在两个关键帧之间建立动作补间（传统补间）关系。

制作动作补间动画，当最后一个关键帧的图像与前一个关键帧相比有改变时，其中间的变化过程即可自动形成。

动作补间动画仅对某元件的实例、实例组或文本框有效，因为只有这些对象才能产生动作补间，分离的图形是不能产生动作补间的。但若将它转换成元件或组，就可以产生动作补间了。因此，若要在动作补间动画中要改变组或文字的颜色，必须将它们变换为元件；而如果要使文本块中的每个字符分别动起来，则必须将其分离为单个字符。

若想让多个物体动起来，可以将它们放在不同的层内。

（6）形状补间动画

形状补间动画是使图形形状发生变化的动画，操作对象是分离的可编辑的图形，如果要对文字、位图等进行形状补间，就需要先对其执行“修改”→“分离”命令，使之变成分散的图形，然后再进行相应的动画制作。

制作形状补间动画时，Flash 自动生成的变化可能跟原设想的不一致，为贴近设想中的变形效果，可以使用形状提示。形状提示会标识起始形状和结束开关中相对应的点，以控制形状的变化，从而达到更精确的动画效果。

使用形状提示的两个形状越简单效果越好。若作复杂变形，最好在开始帧和结束帧之间创建一个中间形状作过渡。

形状提示点要按顺时针方向添加，顺序不能错，否则无法实现效果。

10. 高级动画制作

（1）图层的概念

一个图层可以理解为一片透明的胶片，每个图层都是独立的，可以层层叠加。处在上方的图层的内容，会遮挡在下方的图层，但在上方图层没有内容的部分，则不会遮挡在下方的图层的内容。

使用图层有许多方便，在某一图层上绘制和编辑对象时，其他层上的对象是不会受到影响的。因此，通常会把不同的对象（如背景图像或元件）等放在不同的层上制作，到最后才把它们合起来。

Flash CS5 中图层分为普通图层、引导图层和遮罩图层三种。其中，引导图层分为普通引导层和可运动引导层。

如果普通图层和引导层关联后，就称为被引导层；如果与遮罩图层关联后，就称为被遮罩图层。

（2）**引导层**

在引导层中可以设置运动路径，引导被引导层中的对象依照路径运动。被引导层在引导层的下方，用户可以把多个图层关联到一个图层上。在引导图层中也可以导入图形和引入元件，但最终发布动画时引导层中的对象不会被显示出来。

① 普通引导层。

普通引导层主要用于辅助静态对象定位，可以不使用被引导层而单独使用。

② 运动引导层。

运动引导层主要作用是绘制对象的运动路径，使与之相链接的被引导层中的对象沿路径运动。引导层上可创建多个运动轨迹，以引导被引导层上的多个对象沿不同的路径运动。

要创建按照任意轨迹运动的动画，就需要添加运动引导层，但创建运动引导层动画时要求是动作补间动画，形状补间动画不可用。

（3）**遮罩层**

遮罩层即放置遮罩物的图层。遮罩层的作用是可以透过上方遮罩层内的遮罩物看到被遮罩层中的内容，但不可以透过遮罩层中无遮罩物处看到下方图层的内容。所以，在遮罩层中，其实心对象被视为一个透明的区域，透过该区域可以看到遮罩层下面一层的内容。遮罩层中的实心对象可以是填充的图形、文字对象、图形元件的实例或影片剪辑等，但线条不能作为与遮罩层相关联的实心对象。

用遮罩层可以创建动态效果。对于用作遮罩的填充图形，可以使用补间动画形状；对于对象、图形实例或影片剪辑，可以使用补间动画。当使用影片剪辑实例作为遮罩时，可以使遮罩沿着运动路径运动。

所有的遮罩层都由普通图层转换得到。制作者可以使用遮罩层制作出多种复杂的动画效果，如制作出灯光移动或其他复杂的动画效果，但 TLF 文本不能用作遮罩层。若要使用文本创建遮罩层，只能使用传统文本。

（4）**反向运动**

反向运动（IK）是一种使用骨骼的有关结构对一个对象或彼此相关的一组对象进行动画处理的方法。

利用骨骼工具，可以在单独的元件实例或单个图形内部添加骨骼。每个骨骼由头部、圆端和尾部组成，骨骼之间的连接点称为关节，骨骼链称为骨架。

骨架中的第一个骨骼是根骨骼。添加其他骨骼时，只需拖动第一个骨骼的尾部到图形内的其他位置，第二个骨骼将成为根骨骼的子级。

骨架可以是线性的或分支的。若要创建分支骨架，单击分支的现有骨骼的头部，然后拖动就可以创建分支的第一个骨骼。

只能在第一个帧（骨架在时间轴中的显示位置）中仅包含初始骨骼的骨架图层中编辑骨架。每个骨架图层只包含一个骨架及其关联的实例或图形。若在骨架图层的后续帧中重新定位骨架后，就无法对骨骼结构进行更改。此时若要编辑骨架，就需要从时间轴中删除位于骨架的第一个帧后的任何附加姿势。若要重新定位骨架以达到动画处理的目的，则可以在姿势图层的任何帧中进行位置更改。

创建骨骼动画的方式时，向骨架图层中添加帧并在舞台上重新定位骨架，就可创建关键帧。骨架图层中的关键帧称为姿势。每个姿势图层都自动充当补间图层。当一个骨骼移动时，与启动运动的骨骼相关的其他连接骨骼也随之移动。

利用 Flash CS5 中骨骼工具新增的动画属性，可为每一个关节设置弹性，从而创建出更逼真的反向运动效果。

11. 使用多媒体

（1）**基本知识**

声音以波的形式在空气中传播，声音的频率单位是 Hz（赫兹）。一般人耳听到的声音频率为 20 Hz ~ 20 kHz，低于这个频率范围的声音为次声波，高于这个频率的声音为超声波。

取样率：录音时单位时间内提取音频信号样本的数量。取样率越高声音越好。对于语音，5 kHz 是最低标准；对于音乐短片，11 kHz 是最低建议标准；标准 CD 音频是 44 kHz，Web 回放常用 22 kHz。

压缩率：文件压缩前后大小的比率。

ADPCM 位：ADPCM 编码使用的位数，压缩率越高，声音文件越小，音效也较差。ADPCM 压缩一般用于短时间声音。

WAV 格式：可直接保存对声音波形的取样数据。因为数据没有压缩，所以音质较好，但文件较大。

MP3 格式：一种声音压缩文件，只有 WAV 文件的十分之一，但音质没有明显损害。

AIFF 格式：特点是支持 MAC 平台，16 bit、44 kHz 立体声，但只有安装了 QuickTime4 或更高版本时，才可使用此文件格式。

AU 格式：声音压缩文件，只支持 8 bit 的声音，是互联网上常用的格式，但只有安装了 QuickTime4 或更高版本时，才可使用此文件格式。

事件声音：由事件驱动引发的声音，须在影片下载完后才可以播放，且是从头开始播放。无论声音长短，都只能在一个帧中插入。

音频流：流式声音与电影中的可视元素同步，可以边观看边下载，多用来做影片的背景音乐。

（2）**应用声音**

① 导入声音。

Flash 导入声音时，可以为按钮添加音效，可以将声音导入时间轴上作为背景，可以将外部声音文件导入库中。

Flash 可以导入 . wav、. aiff 和 . mp3 声音文件。安装 QuickTime4 软件后，还可以导入其他格式的声音文件。考虑存储空间，最好使用 16 bit、22 kHz 单声声音。

② 添加声音。

导入声音文件到库面板后，就可在 Flash 动画中添加声音，但要先创建一个声音图层，然后再在该图层中添加声音。

声音图层不仅可以添加一段声音，也可以添加多段声音，当然，也可以把一个声音添加到任意多的图层上，而每一个图层相当于一个独立声道。

③ 编辑声音。

在 Flash CS5 中，可以执行改变声音开始播放、停止播放的位置和控制播放的音量等编辑操作，包括：设置声音的同步方式，定义声音的起点和终点，设置声音效果。

④ 使用声音。

在 Flash CS5 动画中使用声音主要包括在指定关键帧开始或停止声音的播放、为按钮添加声音等。

（3）应用视频

① 导入视频。

选择“文件”→“导入”→“导入视频”命令，可导入视频，就像导入位图或矢量图一样方便。导入的视频文件将成为影片的一部分，会被转换为 FLV 格式。

FLV 格式的全称为 Flash Video，是一种流媒体格式文件，文件体积小巧，一部影片通常在 100 M 左右，是现今主流的视频格式之一。

Flash CS5 可导入的视频文件格式有以下几种。

AVI：音频视频交叉文件。

DV：数字视频。

MPG/MPEG：动态图像专家组。

WMV/ASF：Windows 媒体文件。

② 操作视频对象。

在舞台中选中已经导入的视频文件，就可以在属性面板中对其进行相关操作。Flash CS5 可对视频进行缩放、旋转、扭曲、遮罩等操作，使用 Alpha 通道，还可将视频编码为透明背景的视频。

（4）Flash组件

组件是一种带有可定义参数的影片剪辑符号，这些参数可用来修改组件的外观和行为。每个组件还有一组属于自己的方法、属性和事件，它们被称为应用程序接口。组件使程序设计与软件界面设计分离，让开发人员共享代码，封装复杂功能。

一个组件就是一段影片剪辑。这不仅限于软件提供的自带组件，还可以下载其他开发人员创建的组件，甚至自定义组件。

按钮组件 Button：是一个可使用自定义图标来定义其大小的按钮，它可以执行鼠标和键盘的交互事件，也可以将按钮的行为从发下改为切换。用来响应键盘或者鼠标的输入。

复选框组件 CheckBox：一个可以选中或取消选中的方框，表示单项选择。

单选按钮组件 RadioButton：允许在互相排斥的选项之间进行选择，可以利用该组件创建多个不同的组，从而创建一系列的选择组。它表示一组互斥选择中的单项选择。

下拉列表组件 ComboBox：允许用户从打开的下拉列表框中选择一个选项，有表态的和可编辑的两种。它显示一个下拉选项列表。

文本区域组件 TextArea：用于创建多行文本字段，显示文本输入区域。

进程栏组件 ProgressBar：用于创建动画预载画面，即通常打开 Flash 动画时见到的 loading 界面，用来显示载入的进度。

滚动窗格组件 ScrollPane：创建一个能显示大量内容的区域，提供用于查看影片剪辑的可滚动窗格。

TextInput：用来显示或隐藏输入文本的具体内容，如密码的输入。

List：显示一个滚动选项列表。

(5) 交互式动画

交互动画是指在动画作品播放时支持事件响应和交互功能的一种动画，如利用鼠标或键盘对动画的播放进行控制。在交互操作过程中，使用最多的是控制动画的播放和停止。

Flash 中的交互作用由 3 个因素组成：事件、由事件引发的动作、动作的目标或对象。

① 事件。

鼠标事件：当用户操作影片中的一个按钮时便引发鼠标事件。常见的有以下几种。

mouseDown：鼠标左键按下。

mouseMove：鼠标移动。

mouseUp：鼠标按下后释放。

在按钮上的鼠标事件如下。

press：左键按下。

release：释放。

releaseOutside：在按钮外释放。

roll Over：移上按钮。

roll Out：移出按钮。

drag Over：拖放。

drag Out：鼠标从按钮上拖出。

按钮是影片中唯一受鼠标事件影响的对象。

键盘事件：当用户按下字母、数字、标点、符号、箭头、Enter 键、Insert 键、Home 键、End 键、PageUp 键、PageDown 键等时，发生的就是键盘事件。

keyPress：用户按下指定的键时发生。

键盘事件是区分大小写的。

帧事件：由时间线触发。

帧事件与帧相连，并触发某个动作，所以也称帧动作。帧事件设在关键帧，可用于在某个时间点触发一个特定的动作。

② 目标。

目标就是动作的对象。事件控制 3 个主要目标：当前影片及其时间线、其他影片及其时间线（例如影片剪辑实例）和外部应用程序（如浏览器）。

当前影片及其时间线：这是一个相对目标。比如将某个鼠标事件分配给某个按钮，而如果这个事件影响的是这个按钮所在的影片或时间线，则目标就是当前影片。大多数情况下，ActionScript 默认将当前影片作为目标。

其他影片及其时间线：事件控制的是非按钮所在的另一个影片或时间线。

外部应用程序：外部目标位于影片区域之外。

③ 动作。

动作就是程序员预先编写好的脚本，是指实现某一具体功能的命令语句或实现一系列功能的命令语句的组合。

动作脚本一般由语句、函数和变量组成。在 Flash CS5 中，动作脚本通过“动作”面板来创建与编辑。

单击“动作”面板右上角的“代码片断”按钮，弹出“代码片断”面板。设计者就可以使用简单的 ActionScript 语言来定义事件、目标和动作。

Play ()：播放。

Stop ()：停止。

gotoAndPlay ()：跳转并播放。

语法格式：gotoAndPlay (scene, frame)；其中，scene 代表场景，frame 代表帧。

gotoAndStop ()：跳转并停止。

Go to ()：跳转到指定的帧。

On Mouse Event ()：响应鼠标事件。

Tell Target ()：传达目标。

Duplicate/Remove Movie Clip ()：复杂/删除影片剪辑。

startdragMovieClip ()：开始拖动影片剪辑。

stopdragMovieClip ()：停止拖动影片剪辑。

Set Property ()：设置属性。

nextFrame ()：跳至下一帧并停止播放。

prevFrame ()：跳至上一帧并停止播放。

Stop All Sounds ()：停止播放声音。

nextScene ()：跳至下一个场景并停止播放。

PrevScene ()：跳至上一个场景并停止播放。

If Frame Is Loaded ()：判断帧是否被调用。

Call ()：调用。

Get URL ()：获取 URL。

Load/Unload Movie ()：调用/卸载影片。

应用代码片断时，代码将添加到时间轴中的动作图层的当前帧中。

12. 测试与发布

(1) 动画的优化

优化影片的目的是在导出之前减少文件的大小。可以使用多种策略，比如，对重复使用的元素，应使用元件；制作动画时，应使用补间动画；对动画序列，应使用影片剪辑而不是元件；使用 MP3 声音文件等。

在影片发布的时候，也可以把它压缩成 SWF 文件。对 Flash 动画进行优化之后，还应该在不同的计算机、不同的操作系统和网上进行测试，以达到最好的效果。

Flash 动画的最大优势是在网络上快捷的下载和流畅的播放，所以动画本身不必追求华丽的画面。即使是简单的线条、图形，只要具有视觉冲击力的就是精彩的动画。因此，在制作过程中应随时注意对动画的优化。当然，要求优化的前提是保证动画质量，不能过于追求优化而使动画质量下降。

(2) **测试**

在正式发布和输出动画之前应对影片进行测试，测试的目的是发现动画效果是否与设计思想之间存在偏差，一些特殊效果是否实现等。

测试有两种方法：一种是使用播放控制栏；另一种是使用专用测试窗口。对简单动画，用播放控制栏就足够了。但如果动画中包括交互动作、场景转换及动画剪辑时，就需要使用专用测试窗。

此外，在影片发布前还应进行下载测试，以查看下载过程中是否有动画停顿的地方。例如，选择“控制”→“测试影片”，再选择“视图”→“带宽设置”命令，带宽设置可以模拟使用1.2 Kb/s、2.3 Kb/s、4.7 Kb/s、32.6 Kb/s等调制解调器的实际下载情况，检测流程中因重负载帧而引起的暂停情况，以便重新编辑，提高性能。

(3) **发布影片**

利用“发布”命令可为Internet配置好全套所需的文件。发布前，应利用“发布设置”命令对文件格式等发布置属性进行相应的设置。默认情况下，SWF和HTML复选框处于选中状态，以创建Flash SWF文件及将Flash影片插入浏览器窗口所需要的HTML文档。此外，Flash CS5还提供了多种其他发布格式，可以根据需要选择发布格式并设置发布参数。

SWF格式：Flash CS5自身的动画格式。

HTML格式：要在Web浏览器中播放动画，必须创建HTML文档。

GIF格式：GIF分为静态GIF和动画GIF两种，是一种输出Flash动画的方便方法。

JPEG格式：可以输出高压缩的24位图像。通常情况下，GIF更适合于图形，JPEG更适合于导出图像。

PNG格式：Fireworks默认文件格式。若无特别指定，Flash导出影片的首帧为PNG图像。

QuickTime格式：创建QuickTime格式电影。

Windows放映文件：创建Windows独立放映文件。

(4) **导出影片**

导出命令用于将Flash动画中的内容以指定的各种格式导出以便其他应用程序使用。与发布影片不同，导出影片无须对背景音乐、图形格式以及颜色等进行单独设置，它可以把当前Flash动画的全部内容导出为Flash支持的文件格式。

(5) **动画打包**

动画打包使动画变成可独立运行的EXE文件，有两个方法：

① 设置为“Windows放映文件”，然后发布。

② 运行FlashPlayer.exe文件，打开动画，然后再另存。

13. ActionScript语言基础

(1) **简介**

ActionScript语言是Flash提供的一种动作脚本语言，也是一种面向对象的语言，简称AS语言。

在 ActionScript 动作脚本中，包含了动作、运算符以及对象等元素，将这些元素组织到动作脚本中，然后指定要执行的操作，从而可以更好地控制动画元件，提高动画的交互性。

ActionScript 语句的编辑是通过“动作”面板来完成的。例如，要进行动作脚本设置，首先选中关键帧，然后选择“窗口”→“动作”命令，打开“动作”面板。

ActionScript 语句的代码放置的位置有以下 4 类。

① 在帧中的脚本。

② 在按钮中的脚本。

③ 在影片剪辑中的脚本。

④ 在动作脚本文件中的脚本，扩展名为 . as。

(2) **ActionScript数据类型**

ActionScript 脚本处理的数据有以下 6 种。

字符串：用字母、数字和标点符号来表示的数据。

数值型：用数值来表示的数据。

布尔值：用真（true）或假（false）表示的逻辑型数据。

对象：对象是使用动作脚本创建的代码。一个对象是一些属性的集合。每个属性有自己名称和值两部分。通过点运算，可以指定对象和它们的属性。

影片剪辑：对象类型中的一种，是 Flash 影片中可以播放动画的元件，是唯一引用图形元素的数据类型。

空值与未定义：这种数据只有一个值 null，表示没有值，没有数据。

(3) **常量**

常量是在动作脚本过程中始终保持值不变的量。有数值型、字符串型和逻辑型 3 种。

(4) **变量**

变量是动作脚本中其值可以发变化的量。变量一般由变量名和变量值构成，变量名用以区分各个不同的变量，变量值可以是数值、字符串、逻辑值、表达式、对象以及动画片段等。

变量命名时须遵循以下规则：

① 变量名必须是标识符。通常以小写字母或下划线开头，不能以数字开头，也不能有空格和特殊符号。

② 变量名在其作用范围内必须是唯一的。

③ 不能使用关键字命名。

④ 尽量使用有意义的名称。

ActionScript 变量有以下 3 种作用范围。

本地变量：只可在变量所在代码块中使用。

时间轴变量：在任何时间轴上都有效，但须使用目标路径调用。

全局变量：可在整个文档中使用。

变量应先声明后使用。声明时间轴变量，可使用 set variables 命令。声明本地变量可在函数体使用 var 命令。声明全局变量，可在变量名前使用_ global 标识符。

其语法格式如下：

set variables　变量名；

set variables　变量名=表达式；

var　变量名；

var　变量名：数据类型；

var　变量名=表达式；

若变量在使用前没有定义，在第一次为这个变量赋值时，系统会自动创建该变量。

（5）**函数**

函数是能够完成一定功能的代码块，用于对常量和变量等进行某种运算，从而产生一个值来控制动画的进行。函数也称方法，可在脚本中反复调用，常用于复杂的和交互性较强的动作制作。

函数分为系统函数和自定义函数两大类。系统函数是 Flash 提供的，可以直接在动画中使用。系统函数又可分为：通用类、字符串类、数值类、属性类和全局属性类5 种函数。

自定义函数是用户根据需要把能执行自定义功能的一系列语句定义为函数。可以有返回值，也可以无返回值，若有返回值，由命令 return 完成。

定义函数的语法格式为：

Function 函数名（参数 1，参数 2，…）{

函数体；

}

函数体可以是一条语句或多条语句，参数可有可无，用于给函数传递值，在函数被调用时提供函数名（）或函数名（参数）。

（6）**常用函数**

① 复制影片剪辑函数 duplicateMovieClip（）。

语法格式：

duplicateMovieClip（“原影片名称”，“复制后的名称”，深度值）

深度值指复制影片剪辑的堆叠顺序，与图层类似。深度值高，其中的图形会遮挡比它深度值低的图形，每个复制的影片剪辑分配一个唯一的深度值。

② 附加影片剪辑的函数 attachMovie（）。

attachMovieClip（“原影片名称”，“附加后的名称”，深度值）

该函数用于从库中取出一个指定元件，并将它添加到场景中指定的 SWF 文件中。

③ 加载影片剪辑的函数 loadMovie（）或 loadMovieNum（）。

语法格式：目标影片名称 . loadMovie（“要加载的影片名称”，方法）

方法有 get 和 post 两种，用于加载外部的 SWF 影片到当前正在播放的 SWF 影片中。get 是指数据附加在 URL 地址后进行传输，长度受限制；post 以文件形式传输，不限制长度。

loadMovieNum（）函数用于在播放原始 SWF 文件的同时将 SWF 文件或 JPEG 文件加载到 Flash Player 中的某个级别。

语法格式

loadMovieNum（“要加载的影片名称”，深度值，方法）

④ 删除影片剪辑的函数 removeMovieClip ( )、unloadMovie ( )、unloadMovieNum ( )、removeMovieClip ( )。

语法格式：removeMovieClip (“要删除影片名称”)

作用：删除利用复制、附加影片剪辑命令创建的影片剪辑。

unloadMovie ( )

语法格式：unloadMovie (“要删除的影片名称”)

作用：该函数用于从 Flash Player 中删除通过 loadMovie ( ) 加载的影片剪辑。

unloadMovieNum ( )

语法格式：unloadMovieNum (深度值)

作用：从 Flash Player 中删除通过 loadMovieNum ( ) 加载的影片剪辑。

⑤ getTimer 函数。

语法格式：getTime ( )

作用：返回影片播放后所经过的时间。

⑥ trace 函数。

语法格式：trace (〈表达式〉)

作用：将〈表达式〉的值传递给“输出”面板。

(7) **表达式和运算符**

ActionScript 的表达式用于为变量赋值。在函数中，也可作为参数用。表达式通常是由常量、变量、函数和运算符按照运算法则组成的计算关系式。

运算符：是能够提供对数值、字符串、逻辑值进行运算的关系符号，包括数值运算符、字符串运算符、逻辑运算符、点运算符和数组访问运算符等。

数值运算符：+、-、*、/、% 等。

字符串运算符："" 表示字符串、& 表示连接字符串、= = 比较两个操作数是否相等、! =表示不等于，此外还有>、<、<=、>=等。

逻辑运算符：&& 表示逻辑**与**，‖ 表示逻辑**或**，! 表示逻辑**非**。

赋值运算符：=。

(8) **类**

要面向对象进行设计，就要将信息组织成组，这个组被称为 CLASS (类)。在编写程序的过程中，可以为每个类创建实例，成为 OBJECT (对象)。类有 ActionScript 自带的，也可以由用户自己创建。

在创建一个类的时候，必须定义该类中所有对象包含的属性和动作。

ActionScript 中的对象可以是数据，也可以用图像表示，如舞台上的影片剪辑。所有的影片剪辑都是影片剪辑这个类的对象或者实例。所有的影片剪辑都包含了影片剪辑这个类的属性。

(9) **ActionScript的语法规则**

① 点语法。

在动作脚本中，点 (.) 通常用于指向一个对象的某一个属性或方法，或标识影片剪辑、变量、函数或对象的目标路径，即_root 和_parent，其作用如下。

_root：指主时间轴，可创建一个绝对路径。

_parent：指引用在当前动画中的动画片段，用它可创建一个目标的相对路径。

点语法表达式是以对象或影片剪辑的名称开始，后面跟一个点，最后以要指定的元素结束。例如，MCjxd. play( )表示 MCjxd 实例的 play 方法。

② 界定符。

{} 大括号：动作脚本中语句被大括号括起来组成语句块。

( ) 圆括号：主要用于函数，用来放置使用的参数。

；分号：表示一条语句的结束。

③ 关键字。

即 ActionScript 语言中的命令。

④ 字母大小写。

在 ActionScript 语言中，除关键字外，对动作脚本的其余部分，不严格区分字母大小写。

⑤ 注释。

用于对脚本进行解释说明，可以用//注释语句表示，也可以用命令 comment 注释语句表示。

（10）**常用语句**

ActionScript 语句是动作或者命令，在运行脚本时，是按顺序从上到下执行命令代码。但很多时候，设计者都需要改变这个执行顺序。比如，根据不同的条件执行不同的代码，从而产生分支结构，并通过条件判断语句实现。有时又需要重复地执行某部分代码，从而产生循环结构，并通过循环控制语句实现。在利用 ActionScript 语言制作 Flash 动画时，条件判断语句及循环控制语句是较常用到的两种语句，因为，使用它们可以灵活地控制动画的进行，达到与用户交互的效果。

① if…else 条件判断语句。

```
If(〈条件式〉)
{
〈语句体 1〉;
}
else
{
〈语句体 2〉;
}
```

如果条件式为真值，就执行〈语句体 1〉，为假值，就执行〈语句体 2〉。

② if…else…if 控制语句。

```
If(〈条件式 1〉)
{
〈语句体 1〉;
}
else if(〈条件式 2〉)
{
〈语句体 2〉;
}
```

```
else
{
〈语句体 3〉;
}
```

〈条件式 1〉为真值，执行〈语句体 1〉;〈条件式 1〉为假值就判断〈条件式 2〉,〈条件式 2〉为真值，执行〈语句 2〉，为假值，执行〈语句 3〉。

③ switch…case 语句。

```
switch(〈number〉){
case1:
〈语句 1〉;
case2:
〈语句 2〉;
case3:
〈语句 3〉;
default:
〈语句 4〉;
}
```

当〈number〉的值等于 1 时，执行〈语句 1〉；等于 2 时执行〈语句 2〉；等于 3 时执行〈语句 3〉；等于其他值时执行〈语句 4〉。

④ for 语句。

```
for(〈循环变量〉=〈初值〉;〈循环变量〉〈 =〈终值〉;〈循环变量〉++)
{
〈语句体〉;
}
```

〈循环变量〉从〈初值〉开始增加到〈终值〉，每变化 1 次执行〈语句体〉1 次。

⑤ for…in 语句。

用于循环访问对象属性或数组元素。

⑥ for each…in 语句。

用于循环访问集合中的项目。它可以是 XML 或 XMLList 对象中的标签、对象属性保存的值或数组元素。

⑦ while 语句。

与 if 语句相仿。

```
while(〈条件式〉)
{
〈语句体〉;
〈循环变量〉改变;
}
```

⑧ do…while 语句。

这是另一种 while 语句，其特点在于保证至少执行一次代码。

```
do
```

```
{
〈语句体〉;
〈循环变量〉改变;
} while(〈条件式〉);
```

⑨ tellTarget 语句

```
tellTarget(target){
    〈语句体〉;
}
```

用于控制某个指定的影片剪辑实例。参数 target 是要控制的影片剪辑实例的路径和名称。它是 Flash CS5 的一个语句。

后 记

在这个绚丽多彩的夏天，终于迎来了数字媒体技术应用专业系列教材即将出版的日子。

早在2009年，我就与Adobe公司和Autodesk公司等数字媒体领域的国际企业中国区领导人就数字媒体技术在职业教育教学中的应用进行过探讨，并希望有机会推动职业教育相关专业的发展。2010年，教育部《中等职业教育专业目录》中将数字媒体技术应用专业作为新兴专业纳入中职信息技术类专业之中。2010年11月18日，教育部职业教育与成人教育司（以下简称“教育部职成教司”）同康智达数字技术（北京）有限公司就合作开展“数字媒体技能教学示范项目试点”举行了签约仪式，教育部职成教司刘建同副司长代表职成教司签署合作协议。同时，该项目也获得了包括高等教育出版社等各级各界关心和支持职业教育发展的单位和有识之士的大力协助。经过半年多的实地考察，“数字媒体技能教学示范项目试点”的授牌仪式于2011年3月31日顺利举行，教育部职成教司刘杰处长向试点学校授牌，确定了来自北京、上海、广东、大连、青岛、江苏、浙江等七省市的9所首批试点学校。

为了进一步建设数字媒体技术应用专业，在教育部职成教司的指导下、在高等教育出版社的积极推动下，与实地考察工作同时进行的专业教材编写经历了半年多的研讨、策划和反复修改，终于完稿。同时，为了后续培养双师型骨干教师和双证型专业学生，我们还搭建了一个作品展示、活动发布及测试考评的网站平台——数字教育网www.digitaledu.org。随着专业建设工作的开展，我们还会展开一系列数字媒体技术应用专业各课程的认证考评，颁发认证证书，证书分为师资考评和学生专业技能认证两种，以利于进一步满足师生对专业学习和技能提升的要求。

我们非常感谢各界的支持和有关参与人员的辛勤工作。感谢教育部职成教司领导给予的关怀和指导；感谢上海市、广州市、大连市、青岛市和江苏省等省市教育厅（局）、职成处的领导介绍当地职业教育发展状况并推荐考察学校；感谢首批试点学校校长和老师们切实的支持。同时，要感谢教育部新闻办、中国教育报、中国教育电视台等媒体朋友们的支持；感谢高等教育出版社同仁们的帮助并敬佩编辑们的专业精神；感谢Adobe公司、Autodesk公司和汉王科技公司给予的大力支持。

我还要感谢一直在我身边，为数字媒体专业建设给予很多建议、鼓励和帮助的朋友和同事们。感谢著名画家庞邦本先生、北京师范大学北京京师文化创意产业研究院执行院长肖永亮先生、北京电影学院动画学院孙立军院长，他们作为专业建设和学术研究的领军人物，时刻关心着青少年的成长和教育，积极参与专业问题的探讨并且给予悉心指导，在具体工作中还给予了我本人很多鼓励。感谢资深数字视频编辑专家赵小虎对于视频编辑教材的积极帮助和具体指导；感谢好友张超峰在基于Maya的三维动画工作流程中给予的指导和建议；感谢好友张永江在网站平台、光盘演示程序以及考评系统程序设计中给予的大力支持；感谢康智达公司李坤鹏等全体员工付出的努力。

最后，我要感谢在我们实地考察、不断奔波的行程中，从雪花纷飞的圣诞夜和辞旧迎新的元旦，到春暖花开、夏日炎炎的时节，正是因为有了出租车司机、动车组乘务员以及飞机航班的服务人员等身边每一位帮助过我们的人，伴随我们留下了很多值得珍惜和记忆的美好时光，也促使我们将这些来自各个地方、各个方面的关爱更加积极地渗透在“数字媒体技能教学示范项目试点”的工作中。

愿我们共同的努力，能够为数字媒体技术应用专业的建设带来帮助，让老师们和同学们能够有所收获，能够为提升同学们的专业技能和拓展未来的职业生涯发挥切实有效的作用！

数字媒体技能教学示范项目试点执行人
数字媒体技术应用专业教材编写组织人
康智达数字技术（北京）有限公司总经理

贡庆庆
2011年6月

读者回执表

亲爱的读者：

感谢您阅读和使用本书。读完本书以后，您是否觉得对数字媒体教学中的光影视觉设计、数字三维雕塑等有了新的认识？您是否希望和更多的人一起交流心得和创作经验？我们为数字媒体技术应用专业系列教材的使用及教学交流活动搭建了一个平台——数字教育网 www.digitaledu.org，电话：010-51668172，康智达数字技术（北京）有限公司。我们还会推出一系列的师资培训课程，请您随时留意我们的网站和相关信息。

回执可以传真至 010-51657681 或发邮件至 edu@digitaledu.org。

姓名		性别		出生日期		民族	
工作单位	（或学校名称）						
职务		学科					
电话		传真					
手机		E-mail					
地址				邮编			

1. 您最喜欢这套数字媒体技术应用专业系列中的哪一本教材？__________

2. 您最喜欢本书中的哪一个章节？__________

3. 贵校是否已经开设了数字媒体相关专业？□是 □否；专业名称是__________

4. 贵校数字媒体相关专业教师人数：________数字媒体相关专业学生人数：_____

5. 您是否曾经使用过电子绘画板或数位板？□是 □否；型号是________

6. 作为学生能够经常使用电子绘画板进行数字媒体创作吗？□是 □否

7. 贵校是否曾经开设过与 Adobe 公司相关软件的课程？□是 □否；开设的内容与如下软件相关：□Photoshop □Illustrator □InDesign □Flash □Dreamweaver □Flash ActionScript □Premiere □After Effects □Audition

8. 贵校是否曾经开设过与 Autodesk 公司相关软件的课程？□是 □否；开设的内容与如下软件相关：□Maya □3ds Max □Mudbox □Smoke □Flame

9. 贵校在数字媒体课程中有可能先开设哪些课程？

□数字媒体技术基础 □光影视觉设计 □数字插画与排版 □二维动画制作
□互动媒体制作 □数字视频编辑 □数字影像合成 □三维可视化制作
□三维动画基础入门 □数字三维雕塑 □数字后期特效

10. 贵校有相关数字媒体、动画、漫画、摄影、游戏设计等学生社团吗？□有 □无

社团的名称是__________

11. 您最希望参加何种类型的培训学习或活动？

培训学习：□讲座 □短期培训（1 周以内） □长期培训（3 周左右）

活动：□数字媒体相关作品大赛 □数字媒体相关作品的媒体发布 □专业的高级研讨会

12. 您对我们的工作有何建议或意见？